从《昆虫记》走向斑斓的昆虫世界

王左　编著

研究出版社

图书在版编目（CIP）数据

从《昆虫记》走向斑斓的昆虫世界 / 王左编著.
— 北京：研究出版社，2013.3（2021.8重印）
（越读越聪明）
ISBN 978-7-80168-771-5

Ⅰ.①从…

Ⅱ.①王…

Ⅲ.①昆虫学－青年读物 ②昆虫学－少年读物

Ⅳ.①Q96-49

中国版本图书馆CIP数据核字（2013）第042118号

责任编辑：之　眉　　责任校对：陈侠仁

出版发行：研究出版社
　　　　地　址：北京1723信箱（100017）
　　　　电　话：010-63097512（总编室）010-64042001（发行部）
　　　　网址：www.yjcbs.com　E-mail: yjcbsfxb@126.com
经　　销：新华书店
印　　刷：北京一鑫印务有限公司
版　　次：2013年5月第1版　2021年8月第2次印刷
规　　格：710毫米×990毫米　1/16
印　　张：14
字　　数：165千字
书　　号：ISBN 978-7-80168-771-5
定　　价：38.00 元

前 言

FOREWORD

　　读过《昆虫记》的朋友，一定会被其中的一些小昆虫所深深打动，一定会为作者那细腻生动的笔触所深深折服。在这本书中，作者将专业知识与人生感悟相互交融，倾注到对昆虫的生活习性的描述之中，字里行间洋溢着对生命的尊重和热爱，以及对生活世事所独有的见解和领悟。它不仅是一部研究昆虫的科学巨著，同时也是一部讴歌生命的宏伟诗篇，被人们冠以"昆虫的史诗"之美誉。

　　自从1923年，《昆虫记》由周作人介绍到中国，近90年来一直受到国人的广泛好评，长销不衰。目前，《昆虫记》已被列入教育部语文新课标必读书目，并受到中国科普作家协会鼎力推荐，成为上千万青少年的成长必读书。因此，我们相信你已经或必将阅读这本书。

　　《昆虫记》为我们打开昆虫世界的大门，激发我们对昆虫产生更大的兴趣。我们希望了解更多的昆虫，来满足求知欲与好奇心，一个更广阔更真实的昆虫世界，是读过《昆虫记》之后所向往的。基于此，这本《从<昆虫记>走向斑斓的昆虫世界》应运而生。这本书围绕《昆虫记》讲述昆虫知识，可作为和《昆虫记》相辅助的互补读物。

　　本书内容上分为三部分。第一部分介绍昆虫世界的基础知识，包括昆虫的基本特征以及与人类的关系等，让读者对昆虫世界有一个整体上的了解。第

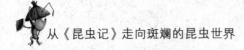

二部分讲述法布尔的昆虫世界，介绍《昆虫记》中所写到的昆虫，所选取的都是读者非常感兴趣的昆虫，帮助读者对这些昆虫有更加深入的了解。第三部分介绍《昆虫记》中没有涉及的昆虫，进一步补充《昆虫记》，扩大读者的昆虫视野。

在这里，可以帮你解除更多有关昆虫的疑惑，可以见识昆虫的奇特器官和功能、有趣的生活习性等。可以目睹或者重温法布尔的昆虫世界，还可以了解《昆虫记》以外更多的昆虫。不管是蟋蟀、蚊子、螳螂、蝗虫这些你所熟知的昆虫，还是圣甲虫、负葬甲、萤火虫这些你所好奇的昆虫，都包括其中。这是一个更加系统科学的昆虫世界，一个更加简洁有趣的昆虫王国。

如果你还没有读过《昆虫记》，这将是一本很好的引导书，帮助你对《昆虫记》先有个大致的了解，先目睹它最为动人的精华片段；如果你正在读《昆虫记》，这又是一本很好的辅助书，如果你已经读过《昆虫记》，这还是一本极好的总结书和拓展书，帮你重温《昆虫记》，总结其中的知识，并展现更广阔的昆虫世界。走进这本书，走进法布尔的昆虫王国，走进更加斑斓广阔的昆虫世界。

目 录
CONTENTS

第一部分 昆虫世界与众不同

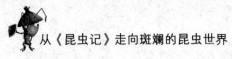

第二部分 法布尔的昆虫世界

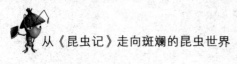

第三部分　书外的昆虫也精彩

第一部分　昆虫世界与众不同

　　不得不说，昆虫这类小生灵一直被大多数人所忽略，甚至厌恶。即便人们喝着它们采集的蜂蜜，用着它们身体做成的药物，它们也依然难以被记上"功名榜"。其实，昆虫和其他门类的动物一样，也是自然界不可或缺的一部分。它们与恐龙一起生活过，虽然历经磨难的恐龙已消失在这个星球上，但它们却毫发无损地繁衍到了现在。

你真的懂昆虫吗

你对昆虫了解多少呢？昆虫可以简单认为就是虫子吗？昆虫的家族有多大呢？昆虫又可细分为多少种类呢？对于昆虫的一些生理特征和生活习性，你又了解多少呢？下面我们一起来回答这些问题。

什么是昆虫

假如我问你什么是昆虫，你一定会说："昆虫就是虫子。"的确，很多虫子确实是昆虫，但并不是所有的虫子都是昆虫。比如说那些在石块下、潮湿阴暗的角落里爬行的蜈蚣、马陆，家中凉席、地毯或花盆上出现的肉眼难以识别的螨虫，藏在土壤中的蚯蚓，寄生在人体中的蛔虫、蛲虫，等等，这些都被我们称为"虫子"，但它们都不是昆虫！

所谓昆虫，应该具备如下几个特征：

（一）身体由头、胸、腹等环节组成。

（二）头部是感觉与取食的中心，不分节，且有进食的口器和1对触角，多数时候还有单、复眼。

（三）胸部由3节组成，有的种类其中某一节特别发达而其他两节退化得较小。胸部是运动的中心，有3对足，2对翅（有部分种类退化没有）。

（四）腹部11节，或8节、7节、4节。分节数目虽不相等，但都没有足或翅等附属器官着生。腹部是生殖与营养代谢的中心，其中包含着生殖器官及大部分内脏。

（五）昆虫在生长发育过程中，通常要经过一系列内部及外部形态上的变化，即变态过程。

根据上面所提到的这些外部形态特征，特别是足的数目，就不难将昆虫与其他被称为"虫子"的动物区分开来了。例如上面所提到的那些动物，足的数目不是少于就是多于3对，因此它们自然也就不属于昆虫了。

昆虫的起源

很久以前，在我们生活的这个地球上，没有人类，没有植物，也没有动物，只有茫茫一片的大海。后来，大海中衍生出最初的单细胞生物，慢慢的单细胞生物又发展成多细胞生物。经过数亿年的繁衍生息，才逐渐有了动物、植物和人类。那么，昆虫是何时出现的呢？它们是怎么来的呢？

最古老的昆虫化石是一种无翅的弹尾目昆虫，发现在距今3亿5千万年前的泥盆纪中期地层中。这种昆虫的躯体已经明显地分成了头、胸、腹三个环节。到了石炭纪，就有翅展达76厘米的类似蜻蜓的昆虫，还有生命力极其旺盛的蟑螂。等到了2亿7千万年前的二叠纪，当动作迟缓的爬行类动物开始霸占地面的时候，昆虫已在空中称霸。这个时候，早期的蝗虫、原始的蜉蝣已经出现。它们以惊人的速度发展着，开发着地球上的每一块土地，当进入1亿8千万年前恐龙统治的侏罗纪的时候，昆虫便达到了繁荣昌盛的高峰时期。虽然恐龙已经灭绝，消失在地球上，但是在它之前就已经产生的昆虫却依旧存活在地球上。

现在的昆虫与早期的昆虫相比，在外形上有很大的区别，这是因为每一代昆虫为了适应地球上不断改变的生存环境，要不断地进化，不断地改进自己的"机能"。那么，最初的昆虫又是什么样的呢？

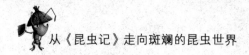

有科学家做过这样一个假想：如果将昆虫的祖先一直向前追溯，可以追溯到一支古老的陆生节肢动物身上。早在10亿年前的寒武纪，节肢动物就已经生存在地球上了。最初，它们生活在沿着海岸线分布的浅海中，后来，它们当中有一部分开始尝试着向陆地进军，离开海洋去开拓陆地这个新家园。为了适应这个新环境，这些动物的身体不断演变，最终演化成今日随处可见的蜈蚣、蚰蜒等多足类和蜘蛛、蝎子、蜱螨等蜘蛛类以及昆虫类。这些勇敢的"挑战者"经过重重挑战，终于成功地征服了干燥的陆地，在地球上迅速地发展了起来。而那些留在海洋里的节肢动物，有很多都寄居在了海洋深处，演变成我们现在所非常熟知的虾、蟹等甲壳动物。虽然它们现在看起来相差甚远，但是它们也许有着共同的祖先。

昆虫的分类

在我们生存的地球上，形形色色的昆虫到处都是。那么，一共有多少种昆虫呢？有昆虫学家认为现在存在于地球上的昆虫大约有200万～500万种。其中，以鞘翅目（Coleoptera，甲虫）、鳞翅目（Lepidoptera，蝶、蛾）、膜翅目（Hymenoptera，蜂、蚁）和双翅目（Diptera，蝇、蚊）这四个目为最多。

世界丰富多彩，小的昆虫身长不足6毫米，大的则可以超过16厘米，前后相差了近27倍。即便是在同一种昆虫中，许多种类的两性也各有不同的结构。比如说，捻翅目的雌虫是一个充满卵的不活动的袋状结构，而它的雄虫则有翅。如果我们把范围再缩小一点，就以一只昆虫而论的话，我们还会发现在这只昆虫的不同的生长时期，也有着不同的特征。比如说有很多昆虫要经历"卵—幼虫—蛹—成虫"四个时期，每个时期都有不同的生活习性和饮食特征。

据最近的研究显示，世界上可能有1000多万种昆虫，占地球生物种类的一你一定不知道的！！！

它们只是其中的一纲

生物学家将生物分为五界，分别是原核生物界、原生生物界、真菌界、植物界和动物界。在这五界中，动物界是最大的界。在界后面又有门、纲、目、科、属、种这五个分类层次。动物界中有很多种类，也称"门"，其中"节肢动物"组成动物界中最大的门。"昆虫"属于动物界节肢动物门的"昆虫纲"。

半。但目前仅有100万种昆虫被人类定义了姓名，还有90%的种类我们不认识。现在，世界上平均每年都会发现1000种新的昆虫种类。我国幅员辽阔，自然条件复杂，是世界上唯一跨越两大动物地理区域的国家，因而也是世界上昆虫种类最多的国家之一。理论上来说，我国昆虫种类应占世界昆虫种类的1/10，即应有至少10万种已命名，不过目前我国已定名的昆虫只有5万种，由此

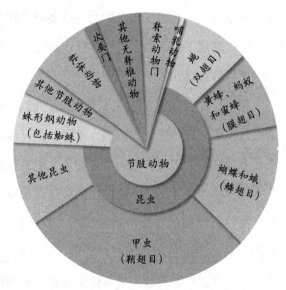

从根据地球上所有动物的数量画的这个示意图可以看出，其中节肢动物占据了惊人的比例，而昆虫纲又以其种类达上百万种成为节肢动物中最庞大的一族。新的昆虫种类仍在不停地被发现并被分类，鞘翅目的甲虫以其到目前为止已发现的30多万种成为昆虫纲中最大的一个目。相比之下，科学家们迄今为止仅发现了不到5000种哺乳动物。

可见，还有很多很多新昆虫种类等着我们去发现、命名、研究。

昆虫的优势

如果要问哪个动物大类是这个地球上最辉煌的类群，那么答案非昆虫莫属。它们虽然个头小，但是种类和数量却大得惊人，目前已经发现的昆虫种

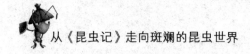

类数目可以达到100多万，比其他所有动物种类加起来都多。昆虫不但种类繁多，而且分布广泛，足迹遍及地球的各个角落，从赤道到两极，从平原到高山，从地下、地面到空中，从河流到海洋，甚至在石油中也有它们的身影。你可以在高达60℃的温泉中找到它们，还可以在零下30℃的地球两极发现它们。

昆虫为何能够如此繁多？

这是因为昆虫有着惊人的适应能力。在距今3亿5千万年前，昆虫就已经出现在了地球上，比恐龙出现的时间还要早，在长期与自然界斗争和适应的过程中，昆虫形成了强大的适应性，这也是昆虫种类繁多的生态基础。昆虫对自然界的适应性表现在以下几个方面：

第一，昆虫大多拥有飞行的能力，因而可以发现更多的食物，更容易躲避敌人，更高效率地寻找配偶，不仅如此，因为可以飞行，其种群的覆盖面也会比其他动物大很多。大的覆盖面为它们寻找配偶、繁衍后代提供了便利性，正是这样一个良性循环，使昆虫的数量越来越多，以致分布到全球各地。

第二，昆虫的身体一般都很小，有的只有几毫米大。体积小的好处是，它们只需要很少量的食物就可以满足身体的需要。与那些体形很大的动物相比，它们可以更容易地完成身体的发育，不会因为食物的不足而饿死。也正是因为体积小，它们随处都可以找到避难所，遇到危险随时可以躲避。

第三，与其他动物相比，昆虫的口器类型更多。它们有咀嚼式口器、刺吸式口器、嚼吸式口器、虹吸式口器、舐吸式口器五种口器类型。口器类型的多样，使它们既能吃固体食物，又能吃液体食物，食物范围得到扩大。

第四，昆虫的生殖能力非常惊人，不仅生殖数量多而且代数也很可观。它们一年可以完成多代生殖，即使自然死亡率在90%以上，也能保持一定的种群数量水平。有的昆虫如蚜虫，甚至可以不经过交配，只要年龄一到，便可自行产卵。这对其他动物来说是不可能实现的。

昆虫的耐力

早在恐龙诞生前，地球上就已经有昆虫存在了。而在恐龙灭绝后，昆虫依旧生存在这个地球上，而且繁衍生息，生命力旺盛。曾经有科学家猜测说，恐龙之所以会灭绝，其中一个可能性就是地球上曾经出现了一段很长时间的"冰川时代"，因为气温急剧下降，恐龙无法忍耐寒冷的气候而被冻死。如果这个猜测真的存在的话，那么昆虫是怎么逃过此劫，化险为夷的呢？即便这个猜测不存在，现在生活在地球上的很多昆虫都在夏季交配，秋季产卵，然后经过一个冬天的育卵期，虫卵在第二年春天就可孵化成成虫，那么，这个寒冷的冬天它们又是如何度过的呢？

与其他很多动物不同，昆虫可以生活在地球的每一个角落，不管是酷热的热带，还是零下40多度的北极，它们都能涉足。正是这种栖息环境的多样性，使得昆虫在长期的进化中形成了多种多样的抗寒策略。早在1973年，就有科学家对昆虫的抗寒性进行了研究。他们发现，即便昆虫的体液温度下降到冰点以下，也不会结成冰。昆虫的这个特点被科学家们称之为"过冷却点"。越冬的昆虫，特别是它们的卵体一般都有较低的过冷却点，比如说飞蝗卵的过冷却点为–26℃，斑潜蝇蛹的过冷却点为–19℃。

根据昆虫的过冷却点，可以将昆虫的耐寒性分为两种。一种是不耐结冰的，这类昆虫对寒冷季节里体液所产生的冰晶特别敏感，因此它们会降低自身的过冷却点，从而避免体液结冰；另外一种是耐受结冰的，这类昆虫能够忍受体液的部分结冰，不造成死亡，但通常有较差的过冷却能力。当它们暴露于低温时，便会主动形成冰核，以阻止体内细胞进一步结冰，从而保护自身不受更大的伤害。

正是因为昆虫有这种特殊的机能，使得地球各地都有它们的身影，即便

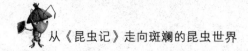

是在异常寒冷的地方也是如此。在距离北极点几百公里的地方，生活着一种蝴蝶。它们在北极的寒冰中产下自己的卵，经过孵化成为幼虫。由于北极气温极低，这种蝴蝶的幼虫要经过14年的时间才能长成成虫。相对于一般蝴蝶的寿命来说，这14年就相当于人类的1000年。能在如此寒冷的条件下产卵生存，可见昆虫的生命力有多强。

昆虫不仅能耐寒，还会避暑。与鸟类相似，很多昆虫都通过扇动翅膀来降温，比如蜜蜂会从河里运水，洒在闷热的巢里，然后靠扇动翅膀蒸发巢里的水分来带走热量。蝴蝶则采用并拢翅膀的办法，将自己倒挂在树叶背面，以此来避开烈日的照射。蜻蜓会将尾巴对着太阳，避免太阳直射头部。步行虫的身体有变换能力，到了夏季，它的身体上会长出一层深色的甲壳，可以防止紫外线的照射，控制体内水分蒸发，这样它便可以凉爽地度过夏天。而庄稼地里的小绿虫，避暑招数更是高明，它会先在叶子上吐些黏液，然后再用叶子将自己裹起来，给自己做一个遮阳伞，挡住烈日的暴晒。还有蝗虫，它们喜欢将头背对太阳，以减少阳光的辐射面积，达到防暑防热的效果。

有的昆虫更厉害，比如说白蚁，它们会利用热空气上升冷空气下沉的原理，在自己的巢内建一个"中央空调系统"，让热空气从巢穴顶上的通风口排出去，冷空气从底下的风道吸进来，以此达到避暑的效果。

昆虫的变态

昆虫是一种神奇的生命，它的幼虫是一个样子，蛹又是另外一个样子，到了成虫就完全不认识了。不信你看，长相丑陋的毛毛虫可以变成"能飞善舞"的舞蝶，柔软白皙的蛴螬能变成身着盔甲的甲虫，龌龊、无光泽的水生生物，在蜕皮后会变成招人喜爱的蜻蜓，苍蝇小时候是蛆，长大后却可以灵敏地飞来飞去……它们会这样变化，是因为它们能够"变态"。

昆虫的生长发育，形态上要经过多次的变化，多数种类都要经过卵、幼虫、甚至经过蛹的阶段，才可变为成虫。昆虫从卵到成虫要经过许多的变化，这些显著的、奇特而惊人的变化叫作变态。一生经过卵、幼虫、蛹和成虫4个阶段的昆虫的变态，我们称之为完全变态。举个例子来说，蚕在幼时是呈蛆样的小虫，它以桑叶为食，历经几次蜕皮、吐丝作茧，在茧里变成蛹，再经过一段时间破蛹成蛾。蚕的一生经历了卵—幼虫—蛹—成虫四个时期，这种变态便是一种完全变态。

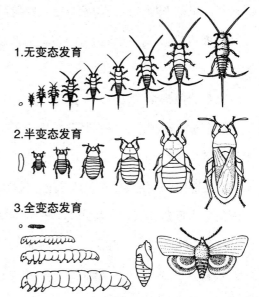

不同种类昆虫的幼虫变形次数（龄）不等，某些石蝇的幼虫会变形33次，而某些高等目昆虫普遍只变形5次。1.无变态发育。典型代表是衣鱼，从一龄幼虫到成体，外形基本没有变化。2.半变态发育。外翅类昆虫，如奥虫，其幼虫与成体有点像，只是很小且没有翅膀；一旦长成成体后，体外的翅膀就出现了。3.全变态发育。比较高等的昆虫都会经过一个完全的变形，即幼虫在发育成成体前，会经过蛹的阶段。而幼虫与成体相比，外表、栖息地和饮食习性都大不相同。幼虫后期，翅芽在体内出现并发育（内翅）。

而有的昆虫，如蝗虫或者是椿象，它们从卵里出来时就同成虫的形状差不多，一生只经过三个时期，即：卵—若虫—成虫，它们与完全变态的昆虫相比，少了一个"蛹"期，所以它们的变态称之为不完全变态。不完全变态昆虫的若虫不但形态与成虫类似，生活方式也与成虫相同。如蝗虫若虫也是以禾本科植物和草类为食；臭虫的若虫与成虫的栖居、取食习性是完全一样的；荔椿象的若虫和成虫一样都在荔枝树上生活。

昆虫的拟态

昆虫为了适应自然界残酷的淘汰，获得更多的生存机会，常将自己伪装

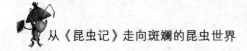
成自然界里的万物，以此隐蔽自己，吓跑敌人，或者方便自身取食，这种行为便是昆虫的拟态。在大自然有很多动物都有拟态的特点，但是以昆虫表现得最为出色。

昆虫的拟态类型很多，主要有贝茨氏拟态、米勒式拟态及进攻性拟态等。

所谓贝茨氏拟态，是指某些昆虫为了保护自己不被天敌吃掉而模仿成天敌不能食用的种类。1862年，英国博物学家亨利·沃尔特·贝茨在研究蝴蝶时提出了可食性物种模拟有毒、有刺或味道不佳的不可食性物种的拟态现象，这种现象后来被称为贝茨氏拟态。在北美，有一种蝴蝶会把自己模仿成另一种有毒的蝴蝶，使鸟儿们错把自己当成不可食用的有毒的蝴蝶，以此来避开天敌的危害。

米勒式拟态则是指两种具有警戒色的不可食性物种互相模拟的拟态现象。这种拟态现象于1878年由德国动物学家弗里兹·米勒提出，故此得名。举个例子来说，几种外形相似且均不能吃的蝴蝶便是这种拟态。蜜蜂和黄蜂之间彼此相似也是这种拟态。对于把这种行为列为一种拟态，米勒解释说，因为很多鸟类都是通过亲身尝试食物才会知道哪种昆虫适口，哪种不适口。如果与不适口的蝴蝶长得形色相似，而鸟类又对那种形色的蝴蝶有避开不食用的条件反射的时候，便可以减少因被尝试而牺牲部分个体的机会。这便是把自己打扮成对方所厌恶的对象，以此来脱身的"包装术"。

除了贝茨氏拟态和米勒式拟态，还有一种很常见的拟态，即进攻性拟态。这种拟态是指通过模仿其他生物，以便于接近进攻对象的拟态。例如兰花螳螂会模拟成兰花的样子，潜伏在昆虫中，等到别的昆虫把它当成花，大摇大摆地飞过来采蜜的时候，

兰花螳螂

趁机把它吃掉。这种模拟其他生物，用以引诱猎物的拟态方式，实在是昆虫很高明的捕猎手段。

昆虫的语言

在昆虫世界，它们这些小小的动物也有着属于自己的语言。与我们人类的语言只靠"发音"不同，昆虫的语言多姿多彩，表达方式也五花八门。在同一类昆虫中，它们大多使用同一种方式进行对话，借助颜色、声音、气味和动作等向其他昆虫传递信息。它们的语言方式非常丰富，比较有特色的有以下几种：

视觉语言

视觉语言包括舞蹈语言和色彩语言两种。

舞蹈语言。如果你用心观察的话，不难发现花丛中总是有很多飞舞的小蜜蜂。在蜜蜂的社会生活中，工蜂担负着筑巢、采粉、酿蜜、育儿的繁重任务。在大批工蜂出巢采蜜前，它们会先派出"侦察蜂"去寻找蜜源，当侦查蜂找到距蜂箱百米以内的蜜源时，便回巢报信，在蜂巢上交替性地向左或向右转小圆圈，以"圆舞"的方式爬行。如果蜜源距离蜂箱百米以外，侦察蜂便开始跳一种呈"∞"字形的舞姿。

色彩语言。虽然蝴蝶的视力不是很好，只能看到模糊的图像，但是它们辨别颜色的能力却非常强。它们在花丛中飞舞时，并不是以花朵的外形来分辨，而是以花朵的颜色来决定是否采集。当雄蝶选择伴侣的时候，也会先用眼睛辨别一下对方翅膀上的斑纹是否与自己相同。

化学语言

化学语言是昆虫传递信息的主要形式，它们利用灵敏的嗅觉器官对一些

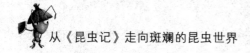

信息化合物进行识别。但昆虫不像高等动物具有专门用来闻味的鼻子，它们的嗅觉器官大多集中在头部前面的那对触角上。蚂蚁便是这种昆虫的典型。当蚂蚁出巢寻找食物时，总要先派出"侦察兵"进行探查。最先找到食物的蚂蚁，如果在返巢报信的途中遇到同巢的成员，会用触角互相碰撞对方，然后再用触角闻几下地面，以此告知对方食物的大小和位置，以及通向食物的路径。蚂蚁的这种通信方式，被称为信息化合物语言。这种语言只在同一种昆虫之间传递。

声音通信

这是一种通过声音来传递信息的语言形式。虽然昆虫的嘴巴不能发出声音来，但是它们可以利用身上的各种"发生器"来弥补这一不足。它们虽然没有镶有耳轮的两只耳朵，但却有着非常敏感的听觉器官。它们特殊的发音器官与听觉器官相互配合，便形成了同种之间特别的声音通信系统。例如，蝗虫用其前翅上的"音齿"和后腿上的"刮器"互相摩擦产生声音。这些昆虫发出的声音大多由20~30个音节组成，每个音节又由80~100个小音节组成。不同的音节组成不同的声音频率，这些声音频率多在500~1000赫兹之间。不同的音节代表着不同的信息，它们以此来进行交流。

有人研究过八种蚊虫的翅振频率，发现不同种类、不同性别的翅振频率均不相同。一般来说，它们的翅振声频可达433~572赫兹，并且雄性明显高于雌性。有句谚语说："叫得响的蚊子不咬人"，便是这个道理，因为雄蚊是不咬人的。

光信号语言

有些身材小的昆虫会巧妙地运用"灯语"来进行通信联络，其中有代表性的一种便是萤火虫。夏日黄昏，山涧草丛，灌木林间，常见一群星星点点的小灯点缀其间，用手抓住这些空中的小灯，你便能看到这原来是种腹部可以发光的小甲虫。它们腹部的光芒会随着呼吸的速度而忽明忽暗，而不同的呼吸节律便形成了一种"闪光信号"，它们利用"闪光"来告诉异性自己的寻在，以吸引异性前来和自己结为伴侣。

不同种类的萤火虫，其闪光的节律变化也不一样。在美国有一种萤火虫，其雄虫会先有节律地发出闪光，当雌虫见到这种光信号后，便准确地回复闪光2秒钟，以此来接受雄虫的"邀请"，雄虫看到这种光信号后，便会靠近它，与之结为伴侣。有意思的是，人们为了验证这种信号，便做了这样一个实验：在雄虫发光结束时，人工发出2秒钟的闪光，虽然不是雌虫的光，但是雄虫也会被引诱过来。另外，还有一种萤火虫的发光信号更为高明，这种萤火虫的雌虫能以准确的时间间隔，发出"亮 — 灭，亮 — 灭"的信号灯来，雄虫收到用灯语表达的"悄悄话"后，便立刻发出"亮 — 灭，亮 — 灭"的灯语作为回答。当它们以此方式进行沟通后，便会飞到一起共度良宵。

昆虫的生殖

在昆虫世界中，虽然既有雄性又有雌性，并且它们大多都是两性生殖的动物，但是并不是只有雄性昆虫和雌性昆虫交配才能产生后代，还有很多其他生殖方式也可以繁衍后代。如果将它们综合起来，共有这样四种生殖方式：两性生殖、孤雌生殖、多胚生殖、胎生与幼体生殖。

两性生殖

两性生殖是昆虫中最为普遍的生殖方式。昆虫中的绝大多数都为雌雄异体，雌雄二者通过交配，使精子与卵子结合在一起，之后雌性产下受精卵，这样便繁衍出了新的个体。这种交配的特点是，雌虫的卵必须要在接受精子后才能进行正常的分裂。

孤雌生殖

有些昆虫天生是没有"爸爸"的,它们的降生完全是"妈妈"一个人的杰作。像这种不需要受精就可以繁殖后代的现象,称之为"孤雌生殖",也叫单性生殖。这种只有妈妈的情况在很多昆虫中都存在,但是又各有不同,主要有这么三种情况:偶发性的孤雌生殖、经常性的孤雌生殖、周期性的孤雌生殖。

1. 偶发性的孤雌生殖

所谓偶发性的孤雌生殖,就是指昆虫妈妈多数时候是进行两性生殖的,但有时也会自己独自生宝宝。比如说蛾类中的家蚕便是这样。

2. 经常性的孤雌生殖

有些种类的昆虫基本上只有雌性,没有能成为"爸爸"的雄性,在这样的情况下,便只能让雌虫独自进行繁殖了,这种情况便称为经常性孤雌生殖。举个例子来讲,在膜翅目昆虫(如蜜蜂)中,雌蜂只排卵,不受精,这些卵虽然没有受精,但是它们依旧可以长成成虫。其中,受精卵发育成雌蜂,非受精卵发育成雄蜂。

还有些昆虫,它们的雄虫极少,甚至没有,因此,这种昆虫的生殖只能是孤雌生殖了。比如说小蜂、竹节虫、介壳虫、蓟马、蓑蛾等都是这样。

3. 周期性的孤雌生殖

还有的昆虫,它们在有的季节里进行两性生殖,而有的季节进行孤雌生殖,两种生殖方式交替进行。像蚜虫,它们只有在冬天快要来临的时候才产生雄蚜,进行两性生殖;而到了春天则进行孤雌生殖。在这段时期内,几乎完全没有雄蚜,因而它们孤雌生殖的后代也全部都是雌性的。

像上述这些只靠一个雌性个体就能繁殖后代的生殖方式,要比两性生殖的昆虫更容易繁衍后代。所以它们的生命力也更强。只要有一只雌虫被带到新的地方,就可以用很短的时间繁衍出很多后代,即便有不可避免的自然灾害,它们也要比那些两性生殖的昆虫更容易被保存住。

多胚生殖

有的昆虫只需要产一个卵，就可以发育成2个及2个以上的胚胎，这种生殖方式叫作多胚生殖。如寄生蜂当中的一些种类，它们的卵可以孵出3000只幼虫。这种生殖方式可以使它们一次繁殖出更多的后代。

胎生与幼体生殖

有些昆虫的生殖方式与人类几乎一样，也是"胎生"。所谓"胎生"，就是指幼虫直接从母体中生产出来的生殖方式。除此以外，有些昆虫还没有成为成虫的时候便可以生宝宝，这种生殖称为幼体生殖。因为幼体生殖产生出来的和胎生的一样，不是卵而是幼虫，所以这种幼体生殖方式也被列为胎生的一种。

昆虫的食物

昆虫种类众多，数量庞大，它们的饮食方式与食物类别也各不相同。无论动物、植物、木材还是腐败物，都可以成为它们的食物。概括来说，以食物性质的不同，可以把它们分为植食性、捕食性、腐食性和吸血性等几大类。

爱吃植物的——植食性

在昆虫这个庞大的家族中，约有一半种类的昆虫为植食性。虽然它们都以植物为食物，但是它们取食的部位却有所差异。比如说像金龟子、金针虫、蝼蛄这些土壤昆虫，它们以农作物的根部和幼苗为食；而金花虫成虫、黏虫幼虫、菜粉蝶幼虫等，则以植物的叶子为食；飞蝗则不仅吃叶子，还连整个茎部

一只放大的金龟子，我们可以看到它奇特的由很多薄片组成的梳子状的触角，它们是用来感知雌性的信息素的。

都咬断。

植食性的昆虫当中，很多都具有刺吸式口器，它们靠此来吸收植物叶子、花、种子里的汁液和植物的内部组织。

爱吃荤菜的——捕食性

捕食性昆虫也称肉食性昆虫，是指靠捕食其他动物为生的昆虫。它们大多具有用来猎杀其他动物的工具，以协助它们完成捕杀。像螳螂有锋利的大臂和锐利的双目，当它们看到猎物的时候，便静悄悄地尾随其后，并精准地计算出它与猎物的距离，在不到0.1秒的时间内将猎物钳住。萤火虫也是捕食性昆虫，它们靠捕食蜗牛为生。萤火虫的身体可以分泌出一种物质，将蜗牛从固态稀释成液态，然后将化为汁液的蜗牛吸入肚中。这些捕食性的昆虫大多都有某些特别的捕猎技能，使它们轻松地捕食到猎物。

爱吃腐烂的——腐食性

腐食类昆虫以腐烂的动植物、粪便为食。它们当中，有的主要取食植物腐质，有的则取食动物残骸。这一种类昆虫约占昆虫总数的17%。例如，蝇类的幼虫蝇蛆，便是以粪便、腐烂的动植物为食的，因此我们总能从脏乱的垃圾堆里、死去的动物身体上找到它们的身影。

爱喝血液的——吸血性

吸血性昆虫所占昆虫总数的百分比并不高，它们主要以高等动物的血液为食。例如蚊子、吸血蝇、虱、蚤、臭虫等等，它们都以吸食高等动物的血液为生。不过在蚊虫中，只有雌蚊吸食人体血液，雄蚊只吸食植物花叶汁液。这些吸血的昆虫需要吸食脊椎动物的血液来维持生命或者以此来使他们的卵成熟。

爱吃粪便的——食粪性

这类昆虫生活在其他动物的粪便上，靠食用动物粪便为生，例如圣甲虫。在非洲的大草原上，有很多圣甲虫，它们靠食粪便为生，并将自己的幼虫产在动物的粪便中，用粪便作为食物喂养它们。

当然，以上所介绍的这几种取食方式，只是昆虫取食方式中的一部分。有的昆虫，如寄生蜂，它们会将自己的卵寄生在别的昆虫的卵上，以吸食其他昆虫卵的营养为生。这种取食方式称为寄生性。蜜蜂则以花蜜为食，它们的唾液可以将花粉转化为蜂蜜；还有的昆虫，比如说奶酪蝇，它们专门以奶制品为食；有一种标本虫，则喜欢吃干燥的昆虫尸体，它们会把昆虫标本吃得一点不剩。

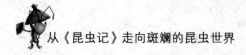

忙碌的粪金龟

独特的昆虫身体

昆虫体型虽小，感官却很发达。它们拥有比许多大型动物更为灵敏的感觉，可以看到人眼看不到的光线，听到人耳听不到的声音，嗅到百米之外的同伴的气味。

血液大多不是红的

与人类和哺乳动物不同，昆虫的血液颜色丰富多彩，有黄色、橙红色、蓝绿色和绿色等多种颜色，而红色只是它们诸多血液颜色中的一种。为什么昆虫的血液大多不是红色的呢？

这是因为昆虫的血液里没有遇氧呈红色的血红蛋白。因此，在受其体内所含有的色素物质的影响下，它们的血液便呈现出各种颜色。

昆虫的体内几乎没有什么器官，它们体内的主要构成便是它们的血液，也称"液体"。"液体"责任繁重，承担了其他脊椎动物体内血液、淋巴液、组织液等的工作，不仅可以止血免疫，还能够解毒，防止天敌捕食。具体说来，昆虫的"液体"主要有6大功能：

第一，昆虫的血液可以止血。与其他动物一样，昆虫的血液可以在伤口部位形成血凝块，防止血液流出，病菌侵入。

第二，昆虫的血液具有免疫作用。作为昆虫身体中的免疫组织，其血液可以保护昆虫不受细菌的侵害。

第三，昆虫的血液可以解毒。假如昆虫食用了什么有毒物质，它血液中

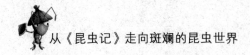

的凝集素会和非专一性酯酶相结合，使毒物分解。

第四，昆虫的血液可以保护昆虫不被天敌捕食。昆虫的血液中有某些特殊的化合物可以防止天敌捕食它们。而且有的昆虫在遇到天敌的时候，身体还会反射性地出血，这样也可以阻止天敌来捕食它们。

第五，昆虫的血液可以贮藏和运输营养，通过血液循环将营养物质输送给各组织器官。

第六，昆虫血液可传递由身体某一部位收缩而产生的机械压力，有助于它们脱皮、羽化、展翅、卵孵化和呼吸通风。

各种怪嘴巴

昆虫的嘴巴又称之为"口器"，位于头部的下方和前端，一般由上唇、下唇、舌、上颚、下颚等部分组成。口器一般可分为两大类，一类是咀嚼式口器，一类是吸收式口器。在吸收式口器中，根据昆虫口器吸收方式的不同，还可以分为刺吸式、虹吸式和锉吸式，此外，还有嚼吸式、舔吸式和刮吸式等口器。昆虫们为了适应自然界，能够顺利地取食，它们的口器外形和构造也发生了巨大的变化。除了咀嚼式口器还可分辨出昆虫"口器"中的每一部分，其他口器早已变化得面目全非。

（一）咀嚼式口器

咀嚼式口器是昆虫口器类型中比较典型的一种，其他类型的口器都是由这种类型演变而来的。它和人的嘴巴一样有上唇、下唇、上颚和舌，同时还有下唇须、下颚和下颚须。上颚前端锋利的齿用来切断食物，后部的粗糙面用来研磨食物。这种口器与人的嘴巴有着异曲同工之处。下唇须、下颚和下颚须是它们感觉和辅助取食的器官，有味觉、嗅觉和触觉。蝗虫的口器便是咀嚼式口器的代表。

（二）刺吸式口器

所谓刺吸式口器，就是像注射针头一般的，能够插到动植物组织内吸收其血液和汁液的口器。这种口器的构造很巧妙，将原来的下唇延长成一个收藏或保护口针的喙，上颚和下颚的一部分则演变成细长的口针。口针的数目各不相同，比如蝉有4根，虱子有3根，而蚊子则有6根。此外，刺吸式口器还必须有专门的抽吸构造——食道唧筒。

具有刺吸式口器的昆虫在取食过程中会将疾病传染给其他动植物，使它们感染上流行病。例如蚜虫等同翅目昆虫传播植物病毒病，蚊子、跳蚤等传播疟疾等疾病。

（三）虹吸式口器

虹吸式口器是蝴蝶和蛾类特有的口器，这类口器长得像一根中间空心的钟表发条，用时能伸开，伸到花朵深处吸食花蜜，不用时就盘卷起来。这根"发条"是由左右下颚的外颚叶极度延长后合在一起形成的，由无数的骨化环紧密排列而成，环间有膜相连，故能伸能屈。拥有这种口器的昆虫一般靠吸食花蜜、水、腐烂动植物的汁液为生，有的也吸食成熟的果实。

（四）舐吸式口器

拥有舐吸式口器的昆虫，吃东西又吸又舐，比如说苍蝇。苍蝇的口器看起来就像一个蘑菇头，它们的大牙已经退化，演化成中间的空槽和后面能挡住食物不从空槽中流出来的挡板。取食时，它们的两片唇瓣展开平贴到食物上，使环沟的空隙与食物相接触，这样，液体食物便顺着环沟流向前口进入食物

知 识 链 接

昆虫的嘴巴

　　昆虫的嘴巴学名叫口器。昆虫令人难以置信地进化了多种多样的口器构造，以适应它们特定的需要。昆虫口器的形式虽然很多，但人们通常将其分为咀嚼式、舐吸式、刺吸式、虹吸式、吸嚼式等几大类。

◎蝴蝶的嘴巴是典型的虹吸式。它也是一根细长的管子。平时，这根管子会像钟表发条那样盘卷起来，遇到适合的食物再打开，美美地吃上一顿。

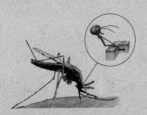

◎蚊子的嘴巴是刺吸式口器的代表。它由一束极细的管子组成，有硬有软，功能不同。硬管子可以刺穿皮肤，吸取人或动物的血液；软的则演化为食管和唾液道。

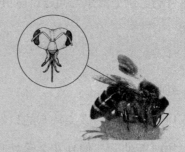

◎蜜蜂的嘴巴属于吸嚼式，既可以研磨花粉，又可以伸到花朵中采蜜。

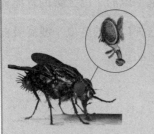

◎苍蝇的嘴巴属于舐吸式，当遇到液体时，它可以直接用嘴吸；而遇到固体食物时，它则用嘴去"舐"，把固体食物溶解在自己的唾液里，然后再吸食到肚子里。

◎蝗虫用它的一对被称为上颚的大颌嚼碎植物的叶子，嘴巴下的触须则品尝食物的味道，这种嘴巴叫作咀嚼式口器，已经接近于高等动物的嘴了。

道。唇瓣向后翻转，便可以使前口齿外露，从而刺刮固体食物，使食物碎粒和液体一起吸入。这种舐吸式口器是蝇类成虫所特有的口器。

（五）刮吸式口器

这类口器为吸血性虻类所具有。其上颚化为扁平宽大的刀片状，可以像剪刀一样剪破动物的皮肤，使血液从伤口流出。下颚则延长为针状，只要上、下抽动，便可以使伤口保持张开的状态。下唇端部扩大成唇瓣，构造与舐吸式口器相同。

拥有这类口器的昆虫只要将唇瓣贴在伤口上，渗出的血液便可以由唇瓣上的环沟吸入食物道。

（六）嚼吸式口器

嚼吸式口器既能咀嚼固体食物，又能吸收液体食物，为一些高等膜翅目昆虫所具有。这类口器的典型代表便是蜜蜂。它的上颚与咀嚼式口器相仿，用以咀嚼花粉和筑巢，而它的下颚和下唇则组成吮吸用的喙。蜜蜂的喙仅在吸食时才由下颚和下唇合并而成，不用时则分开并折叠在头下。此时，上颚便发挥着咀嚼的作用。

触角最重要

昆虫的头部有两根如"天线"一般的须，称之为"触角"，它们形态各异，各有特色。因昆虫种类、性别等因素的不同，昆虫触角的长短、粗细和形状也各不相同，既有像蝴蝶、蝗虫那样的长触角，也有像蛾子、瓢虫那样的短触角。有的昆虫的触角比它们的身体还长，比如说天牛；还有的昆虫几乎没有触角，比如说触角已经退化的双翅目、膜翅目幼虫。

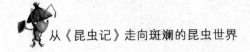

那么，昆虫的触角有什么作用呢？

原来，触角对于昆虫来说是一种重要的感觉器官，主要承担嗅觉和触觉作用，有的还有听觉作用。这个感觉器官可以帮助昆虫进行通信联络、寻觅异性、寻找食物和选择产卵场所等活动。所以它们总是不停地上下摇摆着触角，好像两个天线在接受电波。昆虫触角上有许多感觉器和嗅觉器，它们不仅与触角窝内的感觉神经末梢相连，还与中枢神经连网。这就使得它们非常灵敏，既能感触到物体和气流，又能嗅到各种气味，即便是距离遥远也不受影响。

当昆虫的触角受到外界的刺激后，中枢神经便可支配昆虫进行各种活动。如二化螟的触角，可凭借水稻的气味刺激寻找到它的食物——水稻，菜粉蝶的触角可根据接收到的芥子油气味来寻找它的食物——十字花科植物。而嗅觉最灵敏的是印第安月亮蛾，它能从11千米以外的地方察觉到配偶的性外激素。还有些姬蜂的触角可凭借害虫身体上散发出的微弱红外线，准确无误地搜寻到躲在作物或树木茎秆中的寄主。当然，对于某些昆虫，触角还有其他作用，例如水生的仰蝽在仰泳时将触角展开，有平衡身体的作用；水龟虫用触角帮助呼吸；萤蚊的幼虫用触角捕捉猎物；芫菁的雄虫在交配时用触角来抱握雌虫的身体。

不一样的呼吸

昆虫没有鼻子却可以呼吸，它们是如何做到的呢？原来它们有着特殊的呼吸系统，即由气门和气管组成的呼吸系统。在昆虫的胸部和腹部两侧各有一行排列整齐的圆形小孔，这就是气门。气门与人的鼻孔相似，在孔口布有专管过滤的毛刷和筛板，就像门栅一样能防止其他物体的入侵。气门内还有可开闭的小瓣，掌握着气门的关闭。

与气门相连的是气管，而与气管相连的是更小的、一段封闭的、直径不超过0.1毫米的微气管，这些气管通到昆虫身体的各个地方。昆虫依靠腹部的一张一缩，通过气门、气管进行呼吸。这种特殊的呼吸系统帮助昆虫很好地适应了陆地生活。蚂蚁、蝗虫、螳螂、蝴蝶、蜜蜂、蚊子、苍蝇等各类陆生昆虫都是以这种方式进行呼吸的。

生活在水中的昆虫也是用气门进行呼吸的。像蜻蜓、蜉蝣的幼虫长期适应水生环境，还形成了一种新的呼吸器——气管腮，它能使昆虫像鱼一样呼吸溶解在水中的空气。微气管的外口开放时间非常短暂，尤其是那些水生昆虫的微气管通常是关闭的，否则，流经昆虫体内的强烈气流就会在极短的时间内将它吹干。昆虫体内的氧是通过皮肤或鳃直接扩散到呼吸道，再由呼吸道的网络遍及全身。

有些大型陆栖昆虫呼吸速度极快，它们的腹肌活动频率可以高达70~80次/分钟，它们扁平的腹部非常有利于排气。当腹肌松弛复原时，空气又被吸入体内。这样一来一回，用胸部气孔吸气，用腹部气孔排气，便完成了呼吸。

单眼和复眼

昆虫的眼睛是其头部骨骼的一部分，它表面是角化而透明的角膜，光线可以透进去。虽然整体构架很相似，但是不同昆虫的眼睛大小、形状和数量也各不相同。甚至是同一只昆虫，还会因其发育阶段的不同而不同。但总的来讲，昆虫的眼睛可以分为单眼和复眼两种。在昆

蜻蜓的复眼

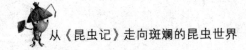

虫的头部，一般生有1对复眼，3只单眼。所谓单眼，即指单独存在的1个眼睛，有背单眼和侧单眼之分。单眼的功能很简单，可能只是为了辨别光线的明暗。相反，复眼的功能则比较复杂。昆虫的复眼是由很多六边形的小眼构成的，这些小眼每只只能看到物体的一部分，小眼睛加在一起，就好像一个被分为无数块的拼凑物。复眼的体积愈大，小眼的数量就愈多，它们的视力就愈强；反之，复眼的体积愈小，视力就愈弱。

昆虫的眼睛不像人类的眼睛，只能看见前方的物体。它们的视野非常广阔，能看见各个方位的物体，这也是它们很难捕获的原因。

在所有的昆虫中，蜻蜓的复眼最大，它们鼓鼓的突出在蜻蜓头部的两侧，占据了头部将近三分之二的面积。蜻蜓的复眼有将近30000个小眼，数量堪称昆虫复眼数量之最，这使蜻蜓拥有非常发达的视力，使它可以在飞行中随意捕捉小昆虫。复眼发达的昆虫还有很多，比如说蝴蝶，它的复眼有1200~1700个小眼；龙虱有9000个小眼；甲蝇则有4000个小眼。

乱生的"耳朵"

昆虫有"耳朵"吗？答案是：有，但非所有昆虫都有。

昆虫的耳朵是何时出现的呢？过去的研究一般认为，昆虫听觉系统的出现与蝙蝠的出现有关。理由是，在蝙蝠演化初期，昆虫的耳朵出现相对较少，而在此之后，昆虫的耳朵相应增多了。那么真的与蝙蝠有关吗？在目前阶段，有关昆虫耳朵的化石证据相对较少，并且描述都比较模糊。有关昆虫耳朵何时出现这个谜，仍需我们在未来去探索发现。

随着时代的演进，现代的昆虫的耳朵所拥有的用途越来越多，除了可以用来接听彼此的声音以外，还可用于声音定向，逃避捕食者，等等。有些昆虫可以通过接收蝙蝠的声呐来躲避捕食的威胁，它们灵敏的听力为其在严酷的生存竞争中博得一席之地。

一般来说，能够发声的昆虫大多都有听觉，不发声的昆虫，它的身体也能对音波产生反应。昆虫的耳朵与人类的耳朵不同，它是由鼓膜或绒毛所构成，并且形态各异。有意思的是，它们在身体上的位置也各不相同，各具特色。

（一）长在脚上

如果你认为腿的功能只有走路，那么你就大错特错了。有不少昆虫的耳朵都长在腿上，比如说我们很熟悉的蟋蟀，它的耳朵就长在前脚膝盖的正下方。

（二）长在腹部

有些昆虫的耳朵长在腹部，比如蝗虫，它的耳朵长在腹部的第一个腹节的两侧，开口成半月形，并伴有发达的鼓膜，在鼓膜上还有一个相当于共鸣器的气囊。

（三）长在触角上

触角是昆虫的触觉和嗅觉器官，不过有些昆虫的触角还兼有"耳朵"的听觉功能。例如雄蚊和蚂蚁的听觉毛便长在触角上。

除了上述所列出的昆虫以外，有些昆虫的耳朵更奇特，如苍蝇的耳朵长在翅膀基部的后面；蟑螂的听觉毛长在尾须上；飞蛾的耳朵，有的长在胸部，有的长在腹部。昆虫的耳朵感觉很灵敏，但是它们的耳朵只能分辨节奏，不能辩听旋律和韵调，比起高等动物的耳朵来，它的功能可就差远了。

走路方式独特

昆虫一共有3对足，前胸、中胸和后胸各一对，我们相应地称之为前足、中

昆虫的足如三脚架一般稳定。

足和后足。每个足由基节、转节、腿节、胫节、跗节和前跗节几个部分组成。

　　我们人类有两条腿，靠两腿前后的交替运动而行走。那么，昆虫是如何安排它们的六条腿来行走的呢？原来昆虫自有主张：它们的行走以三条腿为一组，即一侧的前、后足与另一侧的中足为一组。当这三条腿放在地面并向后蹬时，另外三条腿便抬起准备向前轮换。这三角支架一般的结构使昆虫的重心非常稳定，行走敏捷。不仅如此，这种行走方式使昆虫可以随时随地停下来休息，因为它们的重心总是落在三角支架之内。三角原理就这样被巧妙地运用在昆虫的行走中。

　　同时，昆虫的爬行一般不按直线前进，而按曲线前进。这是因为昆虫的六足都生在胸廓下部，每爬一步起都以中足为支点稍微转动，由于在行动时虫体重心以着地点的中足为支点向前转动，所以形成曲折的路线。

小爪子大力量

　　我们都知道昆虫的足很细小，但是你一定很难想象那细小的足却有着惊人的拖拉力和抓力。一只6克重的小甲虫，可以用足拖动2斤多的物体，超出其体重的180多倍。同样，螳螂的爪子能抓起300多克的重物，是其体重的50多倍。而蜻蜓竟然能抓起相当于自身体重20倍的物体达10分钟之久。

　　不过，并不是所有昆虫都用六条腿来行走，有些昆虫由于前足发生了特化，有了其他功用或退化，行走就主要靠中、后足来完成了。比如说我们所熟悉的螳螂，螳螂那如钳子般的前足用来捕猎，总是高举在胸前，而由后面的四条足支撑地面行走。

　　还有些昆虫，如蟋蟀、蚱蜢等，是属于善跳的昆虫。这类昆虫，六足发展不平衡，前两对胸足较小，后一双胸足粗壮而有力，因此非常适宜跳跃。

　　这类昆虫在跳跃时先把身体略靠后缩，把力量集中在那双强劲的后腿上，然后猛力一蹬，就能将身体跃出很高很远的距离，并且可以连续地进行多次跳跃。

最早的飞行家

　　昆虫是地球上最早出现的"飞行家"。早在3亿多年以前，它们就已经飞上了天空。

　　在无脊椎动物中，昆虫是唯一有翅的动物。它们所拥有的飞行能力，使它们在觅食、求偶、避敌和扩大分布范围等方面都比陆地动物要技高一筹，这也是昆虫家族能够繁荣兴盛的原因。与鸟类相比，昆虫的翅膀更加灵活、更加轻巧便捷，不用时还可以收折在身体背面。

　　昆虫的翅膀为膜质，上面有纵横交错的翅脉，而翅脉实际上是翅面在气

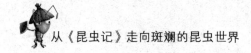

管部位加厚形成的、对翅面起着支撑、加固的作用的"骨架"。不同的昆虫，翅脉的细密程度也不一样，有的昆虫翅脉细密，如蜻蜓、蜉蝣、草蛉等；有的翅脉稀少，比如蝇类只有几根翅脉。像昆虫这样形态各异的翅脉分布形式，则称之为脉相。

在昆虫的翅膀中，只有一对翅比较发达，这对翅是用来担负飞行任务的。比如有些昆虫是由后翅负责飞行，它们的前翅已发生不同程度的骨化和加厚，用来对后翅起保护作用；有些昆虫前翅是其主要的飞行器官，后翅则多变小或退化。甚至有的昆虫，如蝇、蚊的后翅已经退化成很小的棍棒状，这样的构造可以辅助其保持飞行的平衡，故也称平衡棒。

昆虫的飞行能力很强，大部分都能进行远距离的飞行，有的昆虫如蝗虫，甚至可以成群结队地飞行数千里。例如，每年春夏在广东地区越冬后羽化的黏虫，可以成群飞越数千里，漂洋过海到北方去觅食。此外，蜜蜂可每小时飞行10～20公里；牛虻可每小时飞行40余公里；蜻蜓可每小时飞行56公里，并且能够持续飞行数百里乃至数千里而不着陆。

昆虫的翅膀不仅使它们拥有强大的飞行能力，而且它们的翅膀还各具特色。甲壳虫的翅膀既是外壳又是翅膀，虽然翅膀上的纹理并不多，但是可以巧妙地收缩成外壳，对它们的身体起保护作用。当它们想要飞行的时候，便展开外壳下的第二层翅膀飞行；蝴蝶的翅膀上有很多鳞片，这些鳞片让它的翅膀绚烂多彩，可以迷惑对手。

带色的皮肤

昆虫的"皮肤"，也就是它身体外侧的坚硬如盔甲一般的外壳，我们称之为体壁。昆虫的体壁对于昆虫来说非常重要，它既起着保护身体不受外界硬物损伤、防止体内水分蒸发的作用，同时也是昆虫的骨骼，支撑起体内的器官和肌肉。它像一道保护性的屏障，将昆虫的内部器官与外界环境隔开。从皮肤的角度来讲，体壁有效地保持了昆虫体内的水分，防止外界不良因子的入侵。从骨骼的角度来讲，体壁则决定了昆虫的外表形态。

　　昆虫的皮肤色彩可以说是极其丰富的。有的昆虫色彩艳丽，甚至还呈现出变幻莫测的金属色泽，而有的却颜色暗淡、陈旧，毫无美感可言。那么，昆虫身体上的不同色彩是如何而来的呢？

　　原来，昆虫的体色多数是由它的体壁和其衍生物产生出来的。根据颜色的成因可以把它分为两类：色素色和结构色。色素色是由色素化合物形成的颜色，这种物质靠吸收某种光波、反射其他光波来产生各种颜色。它们大多是某些代谢产物或者副产物，比如黑色素。当色素色足够多，积存在表皮内部，可以显现出颜色的时候，我们便可以把它称为表皮色了。表皮色可以保持长时间

这只盾背蝽身上有明显的金属光泽。

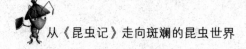

的稳定性，即便昆虫死后也能存在很久。当色素位于表皮下的真皮细胞内时，便成了真皮色。真皮色与表皮色不同，如果昆虫死亡，真皮色的颜色也会随之消失。这就是为什么有些昆虫活着的时候颜色是绿色，但是死亡做成标本后，却变成了褐色。

除了色素色，另一类颜色是结构色。所谓结构色，是指因光照射在虫体表面，因表面结构不同而产生折射、反射及干扰等物理反应所产生的色彩。结构色与色素色不同，不会因为昆虫死亡或经煮沸、漂白等处理而发生改变或消失。

昆虫的体色大多是混合这两种色彩而成的，也称混合色。有一种名叫幻紫峡蝶的蝴蝶，它的体色就是混合色，它的翅膀呈黄褐色，但从别的角度看时，又显现出梦幻般的紫色。这是因为，它翅膀的黄褐色是色素色，而紫色则为结构色。昆虫们正是因为有了美丽的"外衣"，便可以更好地吸引异性、躲避敌人、保护自己了。

昆虫带来的好处

人类要从自然中获得生活资料，要改造自然，必然会同昆虫争夺资源；但另一方面，昆虫也为人类提供了资源，为人类带来很多重要的启示。因而人也就同昆虫发生了密切的关系。

未来粮食储备军

随着世界人口的不断增长，人们对于粮食的需求也越来越大，虽然科学家们一直致力于研究如何提高粮食的产量，但是地球上的粮食越来越难以满足人们的需求。不仅如此，那些早就成为人类盘中餐的牛羊肉也越来越少，即便使用激素令牛、羊快速生长，也跟不上人类对它们的消费速度。为了解决这一问题，联合国粮农组织（FAO）的专家们提出，将昆虫作为未来40年内全球90亿人口肉类和鱼类的替代品。到了2050年，昆虫将会成为人类多种营养的主要来源。

提起昆虫，大多数人都会摆出一副厌恶的表情，但其实我们每天都在不知不觉地"吃昆虫"。看看你平时常吃的面包、饼干，常喝的果汁，这里面都有昆虫的残渣，计算起来，我们每天都要吃掉500克的昆虫残渣。此外，我们平时非常喜欢的蜂蜜，其实也是蜜蜂的口水分泌物。在这个世界上，与昆虫有关的东西分布在我们生活的每一个角落。只要你克服掉心理障碍，接受它们，会发现其实昆虫是一种非常理想的食物。

以前，人们的生活水平不高，很少有机会吃大鱼大肉，于是便有很多人捉蝗虫吃。他们把蝗虫清洗干净，去掉头部和五脏六腑，放在火上烤着吃，一边吃一边听着那嗞嗞的声音，那味道真是好极了！再比如说打屁虫，它经过简单的制作后，也是一道妙不可言的佳肴。而且，在日本、荷兰等国家都有昆虫的料理。在日本的某些地区，还有专门的"昆虫品尝会"。对于日本这样一个粮食供给不超过40%的国家，用昆虫做食物，就可以省下大量的粮食。

实际上，昆虫中含有丰富的营养物质，100克的蚱蜢中含有26.3克的蛋白质，而100克的牛肉中却只有20.2克的蛋白质。昆虫含有的营养多，获取也更容易，如果你想要获取1公斤的牛肉，需要10倍的牧草，但如果饲养昆虫，则只需要1~2公斤的草类。如果我们想要获取家禽的肉，需要花很大的精力去饲养它们，但若想获取昆虫，在野生的环境下就可以获取很多。若是在封闭的环境下，更是可以大量繁殖。

昆虫帮助破案

早在南宋时期，宋慈的《洗冤集录》中就有依据蝇类确定作案凶器的记载：某地路旁发现了一具有多处镰刀伤的尸体，验尸官一开始怀疑是强盗所为，但是经过检验，发现尸体身上的钱财都还在。验尸官便想，这一定不是为钱杀人，而是仇杀。为了找到凶手，验尸官想了这样一个策略，他让手下对居住在这附近的居民说："所有人都要把自己家的镰刀全部上交，谁不上交，便一定是心虚的凶手。"众人闻之，便将所有的镰刀都上交了。验尸官把镰刀铺在地上，在所有镰刀中，有一把镰刀上面飞着很多苍蝇。验尸官便将这把镰刀的主人收拿归案。验尸官断案的理由是，只有镰刀上曾沾染血腥，才会吸引苍蝇。古人运用昆虫的生活习性进行断案，确实是种智慧。这个记载也被认为是世界上第一例有文献记载的法医昆虫学的案例。

在昆虫学中，有一门运用昆虫的生活习性来协助破案的科学，称之为

"法医昆虫学"。研究此项科学的昆虫学家可以根据尸体上的昆虫种类、幼虫成长情况及长度等来推测死者的死亡时间、死亡方式和死亡地点，即便死者已经死亡很长时间，也可以得出很精确的估算。

在人死后，身体各部分的细胞也会慢慢死亡，直到所有的细胞都不再进行呼吸和代谢时，其体内的细菌便会开始繁衍，细菌的代谢会使尸体产生一种尸臭味。这种尸臭味会吸引很多食腐性的昆虫或节肢动物前来取食或产卵。比如说果蝇和丽蝇，它们能在10公里以外的地方就感受到死亡的气息，找到尸体并在其上产卵。法医在验尸的时候，只要查看死者身上蝇类的"年龄"，便可以推断出死者的死亡日期了。

不仅如此，法医还可以根据死者身上昆虫入侵的位置和数量来推断出死者的死亡原因。昆虫数量多的地方，即是受伤的地方。昆虫的数量越多，意味着受伤的面积越大。举个例子来说，死者在生前若是曾被刀子攻击，常会将双臂置于头胸之前，以此来保护自己，故而手臂下方往往会有很多伤口，如果我们看到有大量的丽蝇在死者的手臂产卵，便可以推断出死者在死前曾受过刀子的威胁。

那么，如果死者身上没有任何昆虫呢？这表示尸体可能被冷冻过，或者曾被放在密闭容器里密封过，还有可能曾经被埋在非常深的地方。

在1936年的英国，曾有一个非常著名的案子。有一位名叫巴克·鲁克斯顿的医生，怀疑自己的女朋友有外遇，虽然很长时间都没有找到证据，但是他强烈的猜疑心和妒忌心使他失去了理智，于是掐死了自己的女朋友。为了不让别人知道这件事，这位医生将自己女朋友的尸体解剖成70多块，并去除了所有有特征的标记，比如说痣和伤疤。他把尸体包裹在旧报纸里，然后开车将它们扔到了百里之外苏格兰边境的一条溪流中。这个案子到此为止，看起来是十全十美，没有任何破绽。但是这位医生犯了两个错误：他用来包裹尸体的旧报纸有

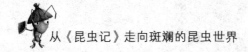

一份是专刊，仅在他所居住的地区发行。另外，他驾车回来时撞倒了一个骑车的人，被警察记下了牌照。而他女朋友尸体上的青蝇幼虫使警方判断出他女朋友出事的日期，最终这位医生被捉拿归案。

　　死者身上的昆虫可以告诉我们很多信息，不仅仅是死者何时被害，如何被害，还包括死者死亡的位置。即便尸体的位置被移动过，法医们也可以通过昆虫判断出来。死者死亡的地点是否是第一现场，只要对比尸体上的昆虫与周围环境中的昆虫即可得出答案。例如，通过尸体上方土壤中的昆虫所估出的死亡时间远远超过尸体下方土壤中所估计出来的，则说明尸体曾经被移动过。此外，有的蝇类有自己特殊的生活习性，比如说丽蝇，它们喜欢在开放的环境里栖息，假若在隐秘的环境中发现它们，则可推断出尸体的死亡地点。

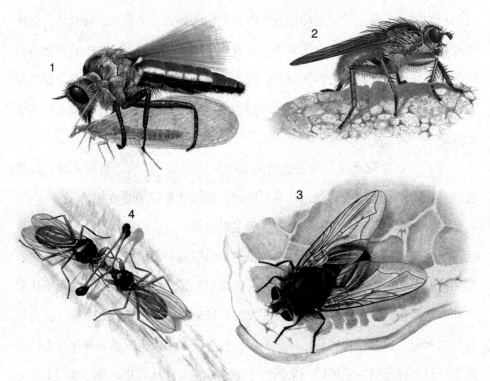

1.盗虻抓住了一只飞行中的草蜻蛉。2. 粪蝇。3. 青蝇。4. 处于领土争夺战中的两只雄性突眼蝇正用它们的眼柄作为标尺比较它们的体型大小。

昆虫虽小，却可以帮助法医破案。有些昆虫看起来很恶心，例如蝇蛆，但在法医昆虫学领域却发挥着举足轻重的作用。随着科学的发展，还会有更多昆虫的特别用途被我们发现，它们将被运用到更多的学科中，服务我们的生活。总之，昆虫虽小，也可以做大事情！

昆虫能治病救人

提起昆虫，人们马上想到的便是像蚊虫、苍蝇、蝗虫、蟑螂等这些给人们带来疾病和灾难的害虫，却忽略了很多昆虫其实都可以作为中药的材料。在我国，用昆虫做药已经有2000多年的历史，早在《周记》和《诗经》中，就有用昆虫与其他中药材配伍制作中药的记载。而最早记载昆虫药用价值的医学书籍还要属《神农本草经》，其中记载了药用昆虫21种，之后李时珍在《本草约目》中又记载了药用昆虫73种，再加上《本草纲目拾遗》中的25种，共计近百余种。

随着中医学的不断发展，药用昆虫的使用也越来越多，目前已知的就达到300余种。虽然人们对昆虫并无太大好感，但是与化学药品相比，药用昆虫要天然健康得多。药用昆虫已经成为我国中药材的重要药源，只要好好利用，将会有很大的发展空间。

"南方人参"冬虫夏草

冬虫夏草，也叫虫草。它产于我国西南地区海拔3000米以上的高寒地区，因为冬天是虫，夏天成草，故得此名。早在《本草纲目拾遗》中对它就有所记载，而后在18世纪20年代，又有法国的一个科学考察队在我国西藏发现了这种虫草，直到100年后，才由英国植物学家真正揭开它的真实面目。

原来，冬虫夏草原本是一种寄生在蝙蝠蛾幼虫体内的真菌。蝙蝠蛾将卵

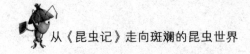

产在土壤里，在冬天来临时，卵便蜕变成幼虫，在此时期它们都蛰伏在土壤中，靠摄取植物根部的养料来过冬。然而，并不是每一只幼虫都可以幸运地度过冬天，这是因为有种草菌需要靠寄生在它们身上为生。当草菌发现蝙蝠蛾的幼虫后，便会黏附在幼虫的表皮上，并钻入其体内萌发成菌丝体，然后不断分解幼虫体内的器官，吸取其养分。经过一个冬天的吸食，菌丝体已慢慢将幼虫体内的营养物质掏个精光，此时蝙蝠蛾幼虫便变成了一具僵虫。此后，草菌代替蝙蝠蛾以一种新的生命方式生存在大地上，它们的种子——孢子，便会随风飘散，去寻找新的蝙蝠蛾幼虫。由此看来，虫草其实就是一种吸附在幼虫体内，并吸干幼虫营养的菌体。

现代医学研究发现，冬虫夏草拥有丰富的营养，如虫草酸、虫草素、甘露醇、生物碱等各种氨基酸和维生素，它对人体大有裨益，有抗癌、补肺、益肾、止血等功效，被誉为"南方人参"。

排便不畅圣甲虫入药

圣甲虫也称蜣螂、屎壳郎，是一种以粪便为食的昆虫，有"自然界清道夫"的称号。它们会将粪便制成球状，滚动到可靠的地方藏起来，然后再慢慢吃掉。而处于繁殖期的雌圣甲虫，会将粪球做成梨状，将卵产于其中，它们的幼虫便以现成的粪球为食，直到发育为成年圣甲虫才破土而出。

这种昆虫虽然以粪便为食，但它也是一种药材。它主治与排便不通、恶疮等有关的疾病。如果大小便不通，将圣甲虫用灰火烘干，磨成粉末用水服下即可治疗。

治疗乙肝蚂蚁最宜

可以当成药物的昆虫很多，但你或许想象不到，那些在地上爬来爬去的蚂蚁也是一种药物。不仅如此，蚂蚁还含有很多对人体有益的成分，其中不仅有蛋白质、维生素、无机盐、碳水化合物等人体所必需的物质，还有雌性激素、肾上腺皮质激素、维生素P等对人体生理调节有重要作用的物质。蚂蚁因其极高的药用价值，被誉为"天然药物加工厂"。

蚂蚁的身体里含有大量的锌，每千克蚂蚁中可高达110～220mg。这种高含锌量的特性，使蚂蚁成为治疗类风湿性关节炎非常理想的药用昆虫。不仅如此，蚂蚁还可以调整人体的免疫功能，调节并平衡T细胞。对于类风湿性关节炎这种免疫性疾病，可以说是对症下药。

有些疾病，比如乙肝，用普通的药物很难做到药到病除，但是小小的蚂蚁对乙肝病人却能产生显著的疗效。乙肝病人的机体免疫功能不强，无法清除自己体内的乙肝病毒，而蚂蚁有增强和调节人体免疫功能的作用，它对乙肝病人有非常好的疗效。

人类向昆虫学习

地球上有100多万种动物，其中昆虫占80多万种，它们不仅种类多，而且数量庞大。另外，不管是能够迅速改变飞行方向的蚊子和苍蝇，还是可以不吃不喝远距离飞行的蝴蝶，抑或是在草丛中能够自行发光的萤火虫，它们所拥有的非凡能力都让人类赞叹不已。经过科学研究，很多昆虫都已被应用到仿生学领域当中。

向蚊子学打针

很多人都害怕到医院打针、抽血，因为即便是经验再丰富、技术再娴熟的护士，他们拿起针管扎向你的时候，或多或少都会让你觉得疼痛。虽然打针很疼，但是我们很多时候又必须打针，那么，怎样才能让打针变得不疼呢？

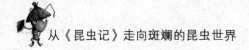

同样是吸血，蚊子在吸你的血时你却一点感觉都没有，这是为什么呢？日本有专家研究发现，蚊子的"嘴"（喙）与我们所用的针管不同，它不是光滑的，而是高度锯齿状的，只有前端尖刺的部分比较光滑。蚊子吸食人的血液时，在人的皮肤上留下的接触点很小，对神经的刺激也不会很大，所以引起的疼痛感自然也就很小。而注射器则恰恰相反，注射器的接触面要远远大于蚊子的叮咬面，并且还会留下很多金属微粒，对人体神经的刺激很强，因此便产生强烈的疼痛感。

根据蚊子"嘴"（喙）的特点，日本有研究人员用二氧化硅制造了一种长 1 毫米、直径0.1毫米的微型注射针，并且将其蚀刻出许多尖锐的锯齿，打造出一个仅0.16微米厚的针管壁。他们将这种带锯齿的针装在0.5毫米的针管上，用它来抽血或注射药物。虽然这种仿生针到目前为止还没有正式应用到人体上，并且因原料不够坚硬等原因还存在一些危险，但是研究人员认为，这种微型针可以在将来应用于人体，并作为监控血样的装置，监测糖尿病人的血糖水平。如果它的材料能够得到保障的话，也许在未来的某一天，我们便可以享受到"无痛打针"的待遇了。

苍蝇的万能仿生

苍蝇虽然总是搓着两只"手"，到处传播疾病，但是这个让人讨厌的家伙却是我们人类研究的重要对象。几乎它身上的每一个特点都被我们拿来研究一番并利用。

苍蝇的飞行速度很快，很难被人类抓住，就算我们躲到它后面也很难得手。苍蝇是怎么做到这一点的呢？有昆虫学家经过研究发现，苍蝇是一种"敏感"系数异常高的昆虫。它的复眼里有4000个可独立成像的单眼，可以看清周围360°范围内的所有物体。这就是为什么无论你躲在哪个角度去抓它都无法得手的原因。正是在蝇眼的启示下，人类制成了一次可拍1000多张高分辨率照片的蝇眼照相机。而电视技术则根据这种复眼的构造特点，制造出了大屏幕的彩电。这种彩电可以将一台台小彩电的荧光屏组成一个大画面，也可以在同一屏幕上的任意位置框出几个特定的小画面，它既可以播同样的画面，又可以播不同的画面。

不仅如此，苍蝇的嗅觉也格外灵敏。它能对数十种气味进行快速地分析，并且马上做出反应，即便是距离很远的微乎其微的气味，它们也能闻到。这是因为在苍蝇的触角上，分布着许多的嗅觉感受器，其中每一个嗅觉感受器都是一个小腔，里面都有上百个神经元，所以它们的嗅觉才会如此灵敏。科学家在认识到了苍蝇的嗅觉奥秘后，利用它们嗅觉灵敏的特性，制成了非常灵敏的小型气体分析仪，装载在航天飞船的座舱内，为揭示宇宙奥秘而工作。

苍蝇的翅膀与其他昆虫的翅膀不同，昆虫学家经过研究发现，苍蝇的后翅是一对平衡棒，起平衡飞行的作用。当它飞行时，平衡棒便通过一定频率的震动来调节翅膀的运动方向，使苍蝇的身体保持平衡。根据平衡棒的工作原理，科学家研究出了一种新式导航仪——振动陀螺仪。它能使飞机的飞行性能得到改善，稳定性得到提高，还避免了飞机因自动停止而发生的翻转飞行，只要机体不平稳时便能自动恢复平衡。这种仿生科学的应用，大大提高了飞机飞行的安全性。

蜂类做巢有高招

说起蜜蜂，人们对它的印象不外乎就是"勤劳"二字。也许就是因为它们与生俱来的勤劳特质，使得它们可以造出世界上最为"标致"的建筑物——蜂巢。说它"标致"，是因为这种建筑物是由一个个同等大小的排列整齐的六棱柱形小蜂房所组成的。其中每一个小蜂房的底部又都由相同的3个

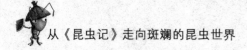
菱形组成，而在这些菱形中，每一个菱形的钝角都是109° 28′， 锐角都是70° 32′，分毫不差。近代有数学家研究证明，蜜蜂蜂房的这种角度是最节省材料的结构，而且容积是最大的，坚固性也最强。小小的蜜蜂竟然可以造出如此高智慧的蜂巢，真是值得我们人类好好学习。

国外有一家建筑公司便像蜜蜂的蜂巢学习，设计出一款高密度的住宅。这种住宅不仅密度高，而且可以在最大程度上保护住户的隐私，不仅如此，它的通风与遮阳效果也比传统住宅要理想得多。

还有一种仿蜂巢轮胎，其轮轴和轮胎中间的部位也做成如蜂巢一般的结构。这种轮胎与普通轮胎相比，其坚固度更强，即便所承载的重量很大，它也不会漏气。这是因为蜂巢的六角形结构稳定性很强，可以使重量均匀分布，因此也就不易出现爆胎的问题了。

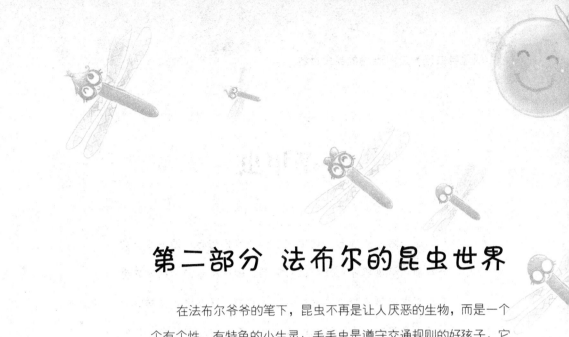

第二部分 法布尔的昆虫世界

在法布尔爷爷的笔下，昆虫不再是让人厌恶的生物，而是一个个有个性、有特色的小生灵：毛毛虫是遵守交通规则的好孩子，它们每天都排着队去吃饭；蝉是"背后努力，人前显贵"的代表者，它们要在地下历经三年的黑暗，才能在树枝上骄傲地唱3个月；萤火虫浪漫的"灯光"下却有着可以让蜗牛化为汁液的毒药；会变色的不仅仅是变色龙，有种叫"蟹蛛"的蜘蛛也可以变色，而且能随走随变……现在，我们将开放法布尔的后花园，为你展现那里的每一个角落。

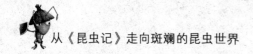
圣甲虫

> 一堆牛粪周围，竟出现了如此争先恐后、迫不及待的场面！从世界各地涌向加利福尼亚的探险者们，开发起金矿来也未曾表现出这般的狂热。太阳还没有当头酷晒的时候，食粪虫（即圣甲虫）已经数以百计地赶到这里。它们大大小小、横七竖八，种类齐全，形态各异，身材多样，密密麻麻地趴在同一块蛋糕上，每只虫子抱定其中一个点，紧锣密鼓地切凿起来。
>
> 那惟恐迟到，一路碎步小跑赶往粪堆的，又是哪一位？长长的肢爪，僵硬地做着充满爆发力的动作，仿佛是在腹中机器的驱动下行走；一对橙红色的小触角，长成折扇形状，透露出垂涎欲滴的焦急心态。它赶来了，赶到了，可刚一到就撞翻了几位筵席上的宾客。它，就是圣甲虫。

　　大家一定还记得2010年的南非世界杯吧，在开幕式上成为最大亮点的不是有着浓郁非洲风情的歌舞，而是一只爬行在足球场上的巨大的黑色昆虫，它就是圣甲虫，正是它推动着足球，拉开了南非世界杯的大幕。这只巨大的圣甲虫出场时的解说语相信许多人还记得："它们总是坚持辛勤劳作，排除万难，滋养肥沃的土地。"原来，在非洲人民的心目中，这种黑乎乎的丑陋的小虫子并不是那令人厌恶的"屎壳郎"，而是"神圣"的"圣甲虫"。非洲人相信，正是圣甲虫那坚持、勇敢和勤劳的精神，才推出了每天清晨普照大地的朝阳，给世界带来光明和希望。

以粪便为食

圣甲虫，俗称屎壳郎，生活在草原、高山、沙漠等地区，分布在除南极洲以外的全球各地，以食用动物粪便而著称。圣甲虫是一种大型甲虫，体长23.7~40毫米，宽16.8~23毫米，体短阔，椭圆形，背面十分圆隆，体黑或黑褐色。它是人类的清洁卫士，又是一种药用昆虫。2000多年前的《神农本草经》中即有圣甲虫入药的记载。只要是有动物粪便的地方，就会有它们勤劳的身影。每天，它们都拖着那青铜色或者若翠绿或者深蓝色的盔甲，在各处清扫粪便，假如地球没有这些环保主义者，它将会变得无法收拾。

圣甲虫发现了一堆粪便后，便会用腿将部分粪便制成一个球，将其滚开。它会先把粪球藏起来，然后再吃掉。一只圣甲虫可以滚动一个比它身体大得多的粪球。处于繁殖期的雌圣甲虫还以这种方式给它的幼仔提供食物。首先，雌圣甲虫会把一个粪球藏起来，然后用土将粪球做成梨状，并将自己的卵产在梨状球的颈部。当幼虫孵出后，就以粪球为食。等到粪球被吃光，幼虫

圣甲虫是大自然的清道夫

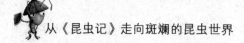
已经长成成年圣甲虫，破土而出了。

有一位非洲科学家报道说，曾经在某地的一块大象的粪便上发现了数以万计的圣甲虫，而当科学家们两个小时后返回那里的时候，却惊奇地发现那块粪便已经消失了。对于圣甲虫来说，动物粪便是不可多得的美味，每块粪便本身就是一个微观的宇宙，会有许许多多的圣甲虫集合在这一大块粪便上，在十几分钟之内将其一扫而光。

舒适的粪窝

在圣甲虫交配之后、准备生育后代的时候，雌圣甲虫会在粪堆下挖一个坑道，然后把土推到地面上堆成一个金字塔形的土堆。这个坑道连接一个地下室，这是它们贮存食物的地方。在此期间，圣甲虫对食物十分节省，终日忙着为生儿育女做准备。尽管雌圣甲虫已安全地将食物贮存在地下，但它还要挖掘一个坑道。这个坑道需要延伸得很长，它的终点将是雌圣甲虫的产房，这又是一项艰苦而浩繁的工程。在此之后，圣甲虫开始挖掘另外一个洞室，这间洞室将有一只鞋盒那么大，这也是它挖掘工作的最后一部分。它先要挖一个比它身体稍大的通道，然后以此为基础，向不同角度拓展空间。等积土运走后，它还要对洞壁和洞顶进行修整、清理。在过去的12小时中，圣甲虫已搬运了超过自身体重1000倍的土壤。圣甲虫把所有贮存的食物都搬进一米深的孵育室中，然后沿着它的食品堆周围又挖了一个容纳它身体的空隙，最后，它封住这只洞的尾端，以保证里面的温度。

两个合作者在奋力滚动粪球。

自己的窝做好了，圣甲虫要开始给宝宝们做窝了。它用滚好的粪球当窝，每做完一个窝，就排下一个卵。把卵放在里面后，圣甲虫就将粪窝封闭好，以防水坏死。粪窝做好后，圣甲虫还要修整它们。它用前足轻轻地拍打纤维性的食料，同时用后脚转动着小球，就这样一边拍打，一边转动，粪球越来越光滑。球体内的卵约2毫米长，6天后，圣甲虫宝宝就会孵化出来。

圣甲虫造好每个粪球后，还会精心地修整一番。

你一定不知道的！！！

拯救草原的中国屎壳郎

1978年，澳大利亚和中国签订了一份合同，内容是大量购买中国的屎壳郎。澳大利亚为什么要购买中国的屎壳郎呢？原来，澳大利亚畜牧业繁荣，但是牛羊多了，牛粪和羊粪却成了一个令人头疼的事情，牛羊的粪常年堆积下来，把草原都覆盖住了，同时水牛蝇和灌木蝇大量滋生，生态变得非常糟糕。因此澳大利亚才决定从中国引进屎壳郎。

中国屎壳郎到了澳大利亚以后，马上爆发出强大的威力。往往两只中国屎壳郎配合起来，不用两天的功夫就能把1000立方厘米的粪便埋到地下。而且它们繁殖迅速，草原上的粪很快便被中国屎壳郎清理得一干二净。牧草又露了出来，加上埋在地底的粪球做肥料，长得又快又茂盛，牛蝇数量也逐渐减少……中国屎壳郎拯救了澳大利亚草原。

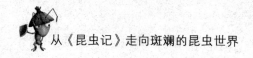
负葬甲

春耕的这些受害者们——田鼠、鼢鼠、鼹鼠、蜥蜴、癞蛤蟆，它们的尸体被葬尸甲和其他昆虫大吃特吃，然而在这偏臭的野外欢宴中，有一位赴宴者吃得很少，非常少。它在这群大快朵颐的食客之中显得有些格格不入，它身穿一袭米黄色法兰绒衣，鞘翅上佩戴着齿形边饰的朱红色腰带，触角顶挂着红色绒球，浑身散发着麝香气味。

它就是最享誉盛名、最刚健有力的土地维护者，负葬甲。它不是解剖实验室的研究者，它没有把实验对象的肉剪切下来，尽管它拥有锋利的大颚解剖刀。准确地说，它是一位大自然殡仪馆的工作人员，它是掘墓者、葬尸者，它那身庄重的衣服是葬礼的着装，是它对逝去的生命的哀悼，是它对自己崇高职务的尊重。

在人类文明世界里，我们会为已经离开这个世界的人们选一片土地，挖坑、掘墓，然后将他们葬于地下。而在自然界，也有这样一种甲虫，它们与生俱来便有这样一个职责：为死去的动物掘墓、葬尸，好似殡仪馆的工作人员，它们便是负葬甲。

葬尸志愿者

田野里，假如有只田鼠死了，便会有很多小虫子跑来吃它的肉，喝它的血，蹂躏它身上的每一根骨头、每一条韧带、每一点皮毛。只有负葬甲这位有责任感的掘墓者，在它身边默默地挖掘着土地，将它掩埋在地下。现在，就让我们来看看它是怎么工作的吧！

一只死鼹鼠躺在花园的中央，几只负葬甲接到信号后迅速赶来。这几位工作人员钻到死者身下，使劲摇动，在摇动了一会儿后，其中一位工作人员从地下爬了出来，来到地上，围着死者转圈——它在查看施工现场的情况，好对施工对象进行具体的考量。考量完毕，它从地上回归地下，与队友们接着施工。没过多久，死者周围一圈的土地就已经被挖掘一空了。周围的沙土又被压紧，形成一个环形的软垫。此时，死者身下的泥土已被彻底破坏，工作人员们大力摇动死者，最终将死者成功陷入地下。在死者陷入地下后，工作人员们开始进行推土工作。沙土一点一点地被推进坑中，死者如陷入沼泽一般，被吞没了。

这些"葬尸"工作人员的工具非常简单：锐利的铲子——负葬甲的前

负葬甲与鼹鼠的尸体

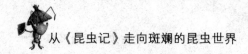
爪，这个工具帮助它迅速挖好墓穴；强壮的起重机——负葬甲的背部，这个部位强壮有力，可以让沙土产生轻微的震动。在这些工具的帮助下，负葬甲为一位又一位死者进行安葬。

相亲相爱的一家

昆虫界里的"父亲"们大多都是无所事事，游手好闲的家伙。它们在洞房花烛夜过后就变得冷若冰霜，将新婚妻子抛之脑后，即便是对即将出世的孩子也是漠不关心。不过，负葬甲可不是这样的它可是昆虫界里的"模范父亲"。在负葬甲的族群中，所有的父亲都尽心尽力地干活。不管是为了别人还是为了自己，它们都不遗余力。它们将死去的动物埋葬在地下，以死者的尸体作为即将出世的宝宝们的窝。它们又是那么团结，每当有一对负葬甲夫妇陷入超负荷的劳动中时，便会有很多热心的帮手循着尸体的气味赶来，帮着它们一起挖坑、摇动、探测、掩埋，直至任务完成。当这对夫妇完成任务时，那些友好的邻居们又会默默地离去。

幼虫宝宝们在父母为它们准备好的新家里慢慢长大，等到再大一点的时候，它们便会离开出生的地窖，来到地面。这时，它们会把身体周围的土向后推，为自己准备一间蛹室。然后，它们便进入蛹期，一动不动地躺着。到了夏天，它们便会长大，成为成虫。它们将接替父母的工作，继续为死去的动物服务，为它们挖掘墓地，哀悼死去的生命。

负葬甲会把小型昆虫的尸体埋葬起来，然后在尸体上产卵。

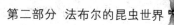

甲虫的代表性品种

　　1.蓝地甲虫捕食蛞蝓、蠕虫，以及橡树林和山毛榉林中的其他昆虫。2.大黄粉虫的幼虫靠储存的谷物生存。3.龙虱能从鞘翅下面携带的气泡中吸取氧气。4.叩头虫的身体底部有个"突槽"机制，利用这种机制，它们能跳得很远，以躲开敌人。5.遁甲住在腐烂的橡树和酸橙树里。6.芫菁会产生一种油状液体，人的皮肤接触后会起水疱。7.坚果象甲会把自己的喙埋进一个坚果中。

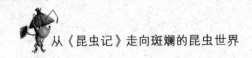
叶 甲

在昆虫领域，发明衣服的首先要属叶甲，它们的服装是用粪便做成的。我们知道爱斯基摩人的衣服是通过刮取海豹的肠衣来获得的。我们的祖先——穴居人，他们的衣服来源于熊的皮毛。而叶甲制作衣服的技能绝对比爱斯基摩人要高明，甚至还会超过我们的祖先。因为当人类还为自己有树叶遮羞而感到高兴的时候，叶甲已经会自己搜集衣服原料了。他们的衣料除了搜集以外，自己也会提供一部分。没错，叶甲在制作莫列顿呢上的技巧已经很纯熟了。

百合花叶甲就会为自己做衣服，虽然它的衣服实在是有点不雅致。说不好看是因为百合花叶甲做衣服的原料是自己的粪便，不过这种粪便对于防止寄生虫的侵害却十分奏效。

叶甲的体型非常优美，色泽也很光亮，身体呈卵圆形或长形，触角则呈丝状。它们形似天牛，但触角没有天牛那么发达；体型也与天牛不同，天牛是长形的，叶甲是圆柱形的；天牛的身体有颜色但是不反光，叶甲的体色则有金属光泽。叶甲是一种害虫，以取食农作物和

一只进食的叶甲

林木为生。

用粪便做外衣

叶甲这种虫子，可以用"白手起家"这个词来形容。与其他昆虫不一样，它们是一种胎生的昆虫，直接产下活体幼虫。叶甲幼虫刚出生时全身裸露，没有一处被包裹的地方，与我们人类不同，叶甲是靠自己的力量制衣的。有的叶甲，比如百合花叶甲，是用自己的粪便为自己做衣服。它们从幼虫开始就为自己编织住所，这种住所类似于蜗牛的壳，是一种长坛子，它既是衣服，也是房子。幼虫在坛子造好之后会让自己躲进去，不会

有少数甲虫属于胎生，直接产下活体幼虫。这只来自巴西的叶甲虫产下了一批小幼虫，而不是产下卵。

轻易出来。假如遇到了让它们惶恐的事情，它们就把身子突然向后缩，整个身子都缩进坛子，然后再把自己平扁的头部当作坛子的封口。

叶甲幼虫的坛子做得不仅非常漂亮，而且质量也堪称一流。坛子之所以质量这么好，是因为它们把排泄物都留在了坛子的底部，这样坛子就变得坚固起来。等到幼虫的身体慢慢变大时，它们还会不断地将坛子内部的一层挪到外面，以此来扩大坛子里的空间，最终，当它们长成成虫的时候，它们也就拥有一个坚固的外衣了。

通红的杨叶甲

在动物界，很多昆虫都用自己鲜艳的体色来吓走敌人，而红色作为其中

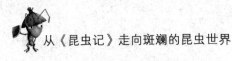

一种非常具有代表性的颜色，也用来警告敌人。有种因喜欢吃杨柳叶而得名的杨叶甲，不仅它的卵是红色的，就连成虫的鞘翅及腹背等部位也是红色的。它们用这红色的信号告诉捕猎者不要轻易侵扰它们。不过，那些刚从红色卵里孵出来的小幼虫的体色却是以黑色为主，而且长大一点的幼虫也是浑身肉乎乎的，晶莹剔透得仿佛可以看到它们体内发达的脂肪，这让捕食者非常有食欲。杨叶甲幼虫这么做，与它原先的"红色警告"完全相悖，而这其中的奥妙至今是个谜。

你一定不知道的！！！

哪种动物力气最大？

世界上哪一种动物的力气最大？这是古往今来人们争论不休的话题之一。有人会说是大象，有人则说是海里的鲸，更有人抬出了早已绝迹了的恐龙。毫无疑问，人们的注意力都集中到了身形庞大的动物身上，却很少有人想到那些小小的昆虫。

其实，若要从动物本身的重量与它的负重能力比来看，力量最大的动物应该是昆虫。这似乎是个不可思议的答案，但科学实验表明确实如此。

大象可以用门牙和鼻子将一棵数米高的大树连根拔起，但这棵大树的重量不过是大象体重的几倍。一匹0.7吨重的骏马在平地上可以拉动3.5吨重的货物，而货物的重量也不过是骏马体重的5倍。

与此相比，一只6克重的小甲虫却可以拖动一堆重达1.093千克的货物，后者是前者体重的182倍。由此可见，甲虫被称之为"大力士"是当之无愧。

黑步甲

黑步甲是非常残忍的刽子手。由于腰间部位非常紧缩，所以整个身体看上去就像被分成了两个部分。也正是由于这种紧缩，使得它的胸部后面的部分好像快要开裂似的。如同一枚煤玉饰品一般，它们全身被亮黑色包裹。黑步甲用以对猎物发起攻击的工具就是它那双尖利的螯，除了鹿角锹甲以外，基本上没有哪一种昆虫的大颚能够与这双螯相比。而且与其说鹿角锹甲的大颚是用来进攻的武器，倒不如说它们只是装饰性的物品，不是战场上派得上用场的有力武器。黑步甲绝对是皮麦里虫的天敌，每当遇到这位金牌杀手的时候，皮麦里虫无一例外地都要被黑步甲进行残酷的剖腹。

当你漫步在林间小路上的时候，常常会看到一些行动敏捷的小甲虫，它们很有可能就是步甲。与其他类型的甲虫相比，步甲的身体略扁，呈梭形或椭圆形，胸比头宽，嘴部向前，复眼突出，触角又细又长，动作敏捷又善于步行，故而得名步甲。

解密"装死术"

在动物界中，很多动物为了保护自己，在某些特殊的情况下会装死。而

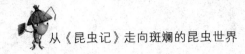

在昆虫界中，有一种叫作黑步甲的
甲虫也是装死的高手。法布尔在
《昆虫记》中便这样描写道：

黑步甲

　　它是一个生性暴躁并且肆无忌
惮的剖腹刽子手。可是说实在的，
它保护自己的特殊伎俩可真是让人
大跌眼镜。有点风吹草动，它就躺
在地上装死。这与它大大的个子真
是不成正比。为了让它做出不动的
样子，我把它放在手里揉捏；把它从高处扔到地下，这样做个两三次，它便不
动开始装死了。它那种装死的静卧不动的状态，常能持续五十分钟左右；某些
情况下，甚至超过了一个小时。最常见的持续时间，平均为二十分钟。它六脚
朝天装死的样子，每一次的时间都不太一样，但是有一点可以肯定，就是它不
会轻易地恢复活动。即便身边有可以马上藏身的地方，它也不动，继续躺在那
里装死。

　　这可怜的小家伙，你到底在想什么？即便是在危险情况下你也不动吗？
为了尝试在危险情况下它的反映，我便将一只苍蝇放在它身边。苍蝇用它的细
爪子扫了黑步甲几下，这时，这个大块头的黑步甲仿佛受到了震荡，做出了颤
抖的反应。苍蝇虽然让它有了颤抖，但是还不足以让它活过来。好吧，让我们
来试试天牛。这黑步甲以前从未见过天牛，天牛刚把爪子放在它身上，它就颤
抖了起来，当天牛与它接触得更加频繁，变成一种进犯时，黑步甲突然跃起身
逃跑了。

　　这黑步甲，在遇到灾祸的时候，通常是做出一动不动的反应，它的看家
本领是装死。而苍蝇和天牛的存在，开始让它战栗，最终令它站立起来，逃离

现场。这说明什么呢？原来，黑步甲根本没有什么装死术，它躺在那里纹丝不动，其实只是因为神经过度紧张而导致动弹不得。但是，当它突然遇到某种刺激的时候，这种神经紧张状态就会被打破，立即解除这种状态，起身逃跑。

外壳可做珠宝

步甲的身材有大有小，小的几毫米，大的则有6、7厘米。大步甲便是步甲家族里面个头很大的一支。它们不仅个头很大，而且身上披着色彩艳丽的外壳，看起来活像一枚宝石。在很多年前的欧洲，由于工业制造业还不是很发达，大步甲便成了制作珠宝的首选材料。很多女性采集它们，取下它们身上靓丽的外壳，清洗干净，然后晒干，与其他物品镶在一起，做成胸针或头饰。

在我国，比较常见的大步甲中最具代表性的是拉步甲和硕步甲。它们都带有金属光泽，一种为铜绿色，一种为蓝绿色。因为它们漂亮的外壳很有欣赏价值，很多不法商贩都偷偷地大量采集它们并销售，因而造成大步甲数量的迅速减少。国家为了保护这种特别的昆虫，把它们列入国家级保护动物的行列。

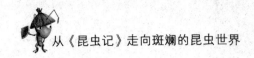
椿　象

> 近几天我就发现了一个拥有30来只卵的椿象卵群，是在一根石刁柏的树枝上面找到的。椿象的家族成员还没有分开，卵也是刚刚被孵化。椿象的卵一粒粒地紧挨在一起，就像一件刺绣艺术品上面的珍珠一样，非常漂亮。卵被孵化后，空的卵壳会停留在原地不动，而且在形状上也没有变形，除了卵壳的盖子稍微地翘起。这些卵壳的颜色是淡灰色，而且是半透明的，很像是一只用白岩石材质加工出来的一只精美的小罐子，就如童话中叙述的那样。在孩子的王国里，小仙女就是把她们的花茶盛在这样的小杯子中喝的。

椿象，俗称臭大姐。椿象大概有3万多种，其中90%以上都是害虫，只有一小部分是益虫。椿象几乎对所有的果树、树木和花卉都会造成危害，它们吸食这些植物的花蕾、花瓣、叶片和果实中的汁液，使果实的结实率下降，果实品质降低。

臭大姐之臭

臭大姐"臭气熏人"是人尽皆知的，你只要轻轻摸它一下，它就会释放出难闻的气味，气味熏到手上的话，用肥皂也洗不掉，只好等它慢慢消失。臭大姐为什么这么臭呢?

原来,臭大姐身上有一种特殊的臭腺。臭腺的开口在其胸部,位于后胸腹面,靠近中足基节处。当"臭大姐"受到惊扰时,它体内的臭腺就会分泌出一种挥发性的臭虫酸来,臭虫酸经臭腺孔弥漫到空气中,使四周臭不可闻。臭大姐的"臭气弹"并不是什么进攻性的武器,而只是用来自卫和抵御敌害的烟幕弹,这是它们长期适应环境的结果。臭大姐一旦遇到敌人向它进攻,便立即施放臭气进行自卫,使敌人闻到臭味而不敢进犯,自己则乘机逃之夭夭。

会变色的卵

大自然对世间的每一个物种都是公平的,虽然椿象身上有股恶臭味,但它们的卵却是很精美的。法布尔在《昆虫记》中提道:椿象的卵就好像是一个古老的艺术品,一个圆柱形的小桶,一个来自东方的彩瓷鼓肚花瓶,一个精美别致的小柜子,甚至是一个小小的圣体盒。椿象卵的上面是一个平平的切面,一只略微凸起的盖子就盖在那里。椿象的卵因椿象种类的不同而有所区别,而且颜色也十分多变。

椿象卵在刚刚产下的时候呈一种稻草的黄色,卵的颜色会随着自身的成长而改变,它会因卵内生命的逐渐变化而呈现为带着红色三角形斑点的淡橘色。等到幼虫被孵化出,只剩下一个空着的卵壳,这个卵壳就呈半透明的乳白色了,非常漂亮。

护卵的妈妈

椿象卵壳整体上呈一个圆柱形,有时候在卵壳上面的盖子中间会看到一些晶质的凸起物,就像高脚盘子的耳朵,又像一个把手。这卵盖除了这些以外便没有什么其他装饰品了,整体上显得十分雅致又不失简朴,外表也

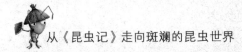

雌性斑花椿象在它寄居的植物上选了一根小嫩枝安置它的卵，这些卵排成的形状好似给这根枝条戴了一个宽宽的项圈。然后，椿象妈妈会趴在这些卵的上面给它们担任警卫直到卵孵化。这个用卵排成的项圈对椿象妈妈来说太大（总共有100粒左右），但它还是尽力给予这些暴露在外的卵以有效地保护，因为它们大有可能受到寄生蜂的侵袭，所以母亲的保护是很必要的。

十分光润。

这样美丽的让人诧异的卵，椿象妈妈自然也喜欢得不得了。虽然卵的数量很多，排放起来所占的面积几乎要比椿象妈妈的身体还要大，但椿象妈妈还是尽力去保护这些卵，看起来像母鸡护小鸡那样，将椿象宝宝覆盖在身下。之所以这样谨慎，是因为椿象宝宝们随时都会受到寄生蜂的侵袭，还有可能被雄性椿象吃掉。

知识链接

椿象成虫几乎全年可见，但冬季数量较少，广泛分布于平地至中海拔山区，为吸食瓜类的害虫。成虫较少有成群密集在同一植物上觅食的情形。寄主植物为豆科、葫芦科等多种植物，会吸食瓜类汁液。陆生椿象因食性不同，所以栖息环境也不太相同，肉食性椿象并没有特别固定的猎物，因此在植物丛间都有机会见到。两栖与水生椿象则通常都生活在静水水域中，如池塘、沼泽、湖泊等环境。

萤火虫

"朗皮里斯"，这个希腊语中的词汇会让你产生怎样的联想呢？如果你知道了这个词语本意是"屁股上挂灯笼者"，那么我想您一定能立刻猜出来，接下来我将为您介绍的就是那种家喻户晓的、屁股上挂着一只小灯笼的、能在黑夜里发光的昆虫——萤火虫。

萤火虫这个小家伙非常常见，几乎所有人都见过它用荧光表达自己快乐心情的样子，即使那些没有见过它的人，也一定听说过它的名字。这位昆虫界的小明星身着斑斓的盔甲，提着灯笼在夜色中舞蹈，就像一粒火花突然从滚圆滚圆的月亮上坠下来，消失在了茂密的青草丛中。

在晋朝时，有个名叫车胤的书生，每到夏天，为了省下点灯的油钱，便捕捉许多萤火虫放在多孔的囊内，利用萤火虫所发出的光来看书，由于他勤学苦练，后来终于做了官。这就是囊萤夜读的故事。我们每个人都幻想过效仿车胤，用萤火虫制作一盏小灯，在夜色降临后，用这盏小灯来读书。这个幻想虽然美好，但是实际上是不可能实现的。因为萤火虫的光亮其实并不强，即使把两只萤火虫放在一起，它们也不可能照亮彼此；若把一群萤火虫放在一起，混乱的光汇聚在一起之后，只会模糊地连成一片，即使它们离得很近，我们也辨别不出任何一只萤火虫的形状。

装在肚子里的灯

　　萤火虫在幼虫时期就能发光，它们胃部的发光小点是生来就有的，这是整个萤火虫家族的特点。萤火虫成年之后，雌虫和雄虫之间会出现差异。萤火虫中绝大多数的种类是雄虫有发光器，而雌虫无发光器或发光器较不发达。虽然我们印象中的萤火虫大多是雄虫有两节发光器、雌虫一节发光器，但这种情况仅出现于熠萤亚科中的熠萤属及脉翅萤属。

　　萤火虫是怎么发光的呢？这是因为在其发光器的部位，有一种含磷的化学物质，称为荧光素。萤火虫的发光器上有一些气孔，气孔中进入空气后，在酶素的催化下，荧光素与氧进行氧化作用，而伴随化学作用产生的能量便以光的形式释放出来。在这一连串复杂的化学反应当中，光即是这个过程中所释放的能量。由于反应所产生的大部分能量都用来发光，只有小部分化为热能，所

萤火虫

知 识 链 接

　　萤火虫用它们的大眼睛捕捉视觉信号。它们的腹部末端含有发光化学物，发出的光在夜晚清晰可见。而且这种光能像灯一样开和关，制造出有规律的同步闪光，而且不同的种类有不同的闪光模式。当雄性萤火虫发出光信号时，模样像幼虫的无翅雌性萤火虫如果看见了同类的闪光模式（闪光的时间长度和亮度非常重要），就会发出回应的信号，然后雄性会以惊人的准确度降落到雌性身边。肉食性的一些萤火虫会模拟另一种雌性的信号，属于后者的雄性萤火虫如果受到引诱的话，会给自己带来致命的后果。

以当萤火虫停留在我们的手上时，我们不会被萤火虫的光烫到，所以有些人称萤火虫发出的光为"冷光"。

　　萤火虫的发光器是由发光细胞、反射层细胞、神经与表皮等组成。如果将发光器的构造比喻成汽车的车灯，发光细胞就有如车灯的灯泡，而反射层细胞就如车灯的灯罩，它会将发光细胞所发出的光集中反射出去。所以虽然只是小小的光芒，在黑暗中却让人觉得相当明亮。

　　至于萤火虫发光的目的，早期学者提出的假设有求偶、沟通、照明、警示、展示及调节族群等功能；但是除了求偶、沟通之外，其他功能只是科学家观察的结果，或只是臆测。直到近几年，才有学者验证了警示说：1999年，学者奈特等人发现，误食萤火虫成虫的蜥蜴会死亡，由此证实成虫的发光除了找寻配偶之外，还有警告其他生物的作用；学者安德伍德等人在1997年以老鼠做的试验中，证实了幼虫的发光对于老鼠具有警示作用。

致命的麻醉剂

　　萤火虫虽然看起来小巧温顺，但它们实际上是一种食肉昆虫，而且捕食手段极其恶毒。萤火虫非常喜欢吃蜗牛，蜗牛行动缓慢，平日大多蜷缩在硬硬的外壳里。有了这样一个坚固的壁垒，萤火虫是怎么吃蜗牛的呢？

　　原来，萤火虫有着自己与众不同的捕猎秘器。当它遇到蜗牛的时候，会坐在它旁边慢慢地等，直到蜗牛从自己的壳里面爬出来，只要蜗牛爬出来，哪怕只有一点点，它就猝不及防地一头插过去，取出它锋利的手术刀——两片呈钩状的大颚，轻轻地扭几下，将毒汁注入蜗牛的身体里面，这个时候蜗牛就好像被麻醉了一般，任由萤火虫摆弄。萤火虫轻轻地蜇咬蜗牛，将某种消化素输入到蜗牛壳里，然后这只蜗牛就变得如肉粥一般，被萤火虫如喝牛奶一般"喝"到肚子里了。

萤火虫是慷慨大方的，它会把这锅做好了的"粥"，分给其他萤火虫。它们会把蜗牛吃得干干净净，最后只剩下一个坚硬的壳。

只有20天生命

萤火虫这种美丽的小昆虫，全世界约有2000多种。和蝉一样，它也要经历卵、幼虫、蛹和成虫4个时期。它的生长时间相当长，大部分种类都是一年一代，每年的6~7月，萤火虫便开始了交配与繁衍后代的工作。雌虫在潮湿的草丛中产下小圆卵。这些小圆卵在一个月后，孵化成幼虫，这些幼虫看起来像灰褐色的梭子，中间圆圆的，两端尖尖的，身体上扁下平。虽然它们还是幼虫，但却已经具备发光的能力了，它们像一个小亮点隐藏在草丛中。

到了冬天，幼虫们就钻进地洞里过冬。等到第二年春天，它们再爬出地面。地面上的食物为它们补充体力，这样，等到了5月中旬的时候它们便可躲到地里化为蛹。经过20天的时间，蛹便成长为成虫。成虫的身体呈棕红色，胸部微红，可以说是有一个色彩斑斓的外表，这还不够，它们身体的每一节的边沿都点缀着两粒鲜红的斑点。多么让人心动的小虫子！不过多数种类的成年萤火虫终日都不吃东西，它们急急忙忙地求偶、产卵，因为它们成为成虫后的寿命只有20天，20天过后，点点荧光便会消逝在这个世界上。

天 牛

天牛在橡树干中大约要生活三四年，天牛是如何度过这漫长而又孤独的囚徒的生活呢？天牛幼虫在橡树树干内缓慢地爬行，挖掘通道，用挖掘留下的木屑作为食物。修辞学中有"伯约的马吃掉了路"的比喻，而天牛就恰恰是吃了自己的路。它黑而短的大颚极其强健，像木匠的半圆凿，虽无锯齿却像一把边缘锋利的汤匙，用它来挖掘通道。被钻下来的木屑经过幼虫的消化道后被排泄出来，堆积在幼虫身后，留下一道被啮噬过的痕迹，幼虫边挖路边进食。幼虫不断前进，不断消耗碎屑，随着工程进展，道路就被挖出来了。所有的钻路公都是这样工作的，既可获得食物同时又可以找到安身之所。

每一种昆虫都有属于自己的独特的外观特征。萤火虫的腹部可以发出微弱的光芒，在漆黑的夜里舞蹈，像飞舞的繁星；苍蝇体态轻盈，飞飞停停，只要有地方歇脚，就要停下来擦擦手掌；螳螂挥舞着两片大刀，却把它们藏在下面，摆出一副乞讨样……除了它们以外，还有一种昆虫，它的外形更是别具一格：头前方有两只比身体还要长的触角，下巴强有力，体色大多为黑色，具有金属光泽。因其力气大如牛又非常善于飞行，人们称它"天牛"。这小虫子好像很通人性似的，只要你抓住它，便会发出"嘎吱嘎吱"的声响，仿佛是在企

一种白底黑斑的天牛

图挣脱逃命。

天牛"吃路"

天牛这种昆虫，一生主要分为幼虫和成虫两个阶段，幼虫生在树干里，并在里面度过三四年的光阴。它们在里面慢慢地爬行，挖掘通道，用挖掘下的木屑作为食物。天牛幼虫嘴边有黑色角质盔甲围绕，可以加固半圆凿状的大颚。它们在树里面像矿工一样钻来钻去，钻出一个孔道之后，便在树内化蛹，而新羽化出来的成虫便经此道孔而出。

它们要在树里度过漫长的时光，而在这漫长的日子里，它们只需要完成一件任务，那就是没完没了的铺路。实际上，与其用"铺路"这个词，还不如用"吃路"这个词更为形象。它们生着一副黑粗短实的大颚，酷似一个锋利的勺子，用它在树上开凿。"吭吱吭吱"，它们凿下了一点碎渣，把碎渣吞下去，吸一吸里面的汁液，好甘甜！正如我们吃甘蔗一样，吸完汁以后的天牛幼虫便把废渣给吐了出去，丢弃在身后。这项工作不但解决了营养问题，还解决了行路问题，路铺到哪里吃到哪里，随铺随吃。不仅天牛这样，其实所有靠蛀木为生的虫子，都是这样工作的。

能预测未来

　　天牛的成虫虽然有工具般强劲的大颚，但它的大颚是不会啃食洞穴的。那么，在闭塞的环境里，天牛成虫岂不是要被憋死在里面？不必担心，天牛是不会让自己憋死在闭塞环境里的。你看，天牛幼虫总是爬上爬下，一会儿这里，一会儿那里，其实它是在为自己啃食从树干逃跑的通道。三四年来，它们辛苦地劳作，就是为了以后长成成虫能够顺利地爬出去。它们爬出自己的窝，爬向树表，冒着被啄木鸟等天敌吃掉的危险，向外挖掘通道，直到树的表层留下一层薄薄的阻隔作为窗帘掩护自己。

　　你看，小小的一只虫子居然可以预见自己未来不能穿越树木，于是趁着自己可以啃食通道的时候为自己挖路，它是多么有先见之明啊！

　　有了可以出去的通道，天牛幼虫便开始搭建自己的窝了。它们退回到长廊中不太深的地方，在出口处的一侧造了一间蛹室。这蛹室的装修是根据主人的生活喜好及身体特征量身而做的。在成为成虫之前，它们要先化为蛹。做蛹可不那么容易，这柔软的身子如果碰到什么坚硬的东西，那可是要命的。于是，天牛幼虫从房间壁上锉下一条条木屑，这是木质纤维的呢绒，天牛幼虫把它们一点一点地贴回到四周的墙壁上，铺成约1毫米厚的墙毯。为了防御外界的敌害，它们还专门为房间加盖了封顶，这封顶其实就是壁垒。壁垒一般由两到三层组成，最里面的一层是用一种矿物质修建的，这种矿物质是天牛幼虫从获取的食物中分解出来的，这样也就不难想象，这壁垒有多坚固了。在这样可靠的保护下，天牛幼虫便可以安心地化蛹了。

　　这小虫子，知道蛹的肌体纤弱，就用木质纤维的绒毯为自己布置房间；知道在漫长的蛹期随时会有敌害来发动侵略，于是为修建洞穴和壁垒做准备，

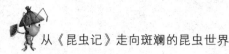
在自己的胃里储存石灰浆。多么会安排生活的小虫子啊！

不仅如此，天牛在蛹期的坐卧姿势也是经过精心安排的，它的头部一直冲着门的方向。为什么要这样呢？这是因为，天牛在

天牛幼虫可以在粗糙的木头表面自如爬行。

幼虫时期身体较软，可以随意翻转。但是，长成成虫后，它身上的盔甲会变得很坚硬，这样就不能随意翻转了。假若天牛把自己的头放在与门相反的方向，等到化为成虫时，便会困死在自己的窝中，那么其结果必定是死路一条。

天牛知道自己未来身披坚硬盔甲，无法自由翻转身体，怕到时候找不到房间出口，就心甘情愿地把头朝向出口而卧。

天牛仿佛能够预知未来，想好每一个可能出现的难关，并提前想好解决的策略。能够这样井井有条地安排生活，真是让人难以想象它只是一只虫子！

你一定不知道的！！！

世界上最大的天牛

在南美法属圭亚那的热带雨林中，生活着世界上最大的天牛——泰坦天牛。早在100多年前，它们就已经闻名于世界，只是那个时候还没有人见到过活生生的它们。直到20世纪30年代，开始有代表不同行业的探索者来到南美的热带雨林寻找它们的足迹。这些与世隔绝的物种被人类拍成照片带回了人类的文明世界，它们因其巨大的身躯而引起世界的轰动。因为它们体型庞大，有如人手一般，人们便用希腊的泰坦巨人神来命名它。这种天牛，即便只有一只，也足以毁掉一整棵大树。

泰坦天牛

七星瓢虫

在形形色色的昆虫家族中，瓢虫算是比较高雅的一族。因为它们非常注重自己行为举止的典雅，连展翅飞翔的模样也是轻缓悠哉的，颇为可爱，仿佛撑着小洋伞散步的名媛淑女，所以人们又给它们取了个好听的英文名字叫Ladybug，即"淑女"虫。

在欧洲，"七星瓢虫"的名字叫"Ladybug"，其中"Lady"暗指天主教信仰中的圣母玛利亚。有意思的是，在中国，七星瓢虫被称为"花大姐"，这和它的英文名字有着异曲同工之处。

冤家之间的斗争

七星瓢虫吃蚜虫，这是每个人都知道的事情，不过蚜虫也有自己的保镖——蚂蚁。蚂蚁和蚜虫有着和谐共生的关系。蚜虫带吸嘴的小口针能刺穿植物的表皮吸取养分，每隔一两分钟，这些蚜虫就翘起腹部，开始分泌含有糖分的蜜汁。这时，工蚁赶来，用大颚把蜜露刮下，吞到嘴里。一只只工蚁来回穿梭，靠近蚜虫，舔食蜜露，就像牛奶场的挤奶作业。蚜虫为蚂蚁提供"蜜汁"，而蚂蚁则成为蚜虫的保镖，保护蚜虫的安危。当七星瓢虫遇上蚂蚁时，一个要吃蚜虫，一个要保护蚜虫，于是不可避免的大战就开始了，这不，法布尔把它们之间的恩怨全都记录了下来：

七星瓢虫

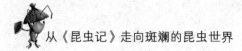

不过，蚂蚁的幸福时光看来不能长久了。早就对那些蚜虫垂涎欲滴的七星瓢虫，已经慢慢地爬到了蚜虫和蚂蚁共居的叶片上。它想吃掉蚂蚁的营养来源——蚜虫，但蚂蚁肯定不乐意，为此，一场"瓢蚁大战"不可避免。只见其中的一只蚂蚁见七星瓢虫来犯，立即大怒，张开大口，冲过去咬七星瓢虫。谁知七星瓢虫也有它的妙招：把6条腿一收，蹲下，使整个身体紧贴在叶片上，蚂蚁便无从下口了。这时，其他几只蚂蚁赶过来帮忙了。它们齐攻这只七星瓢虫，一只蚂蚁侧着身子，使劲掀翻七星瓢虫，另一只则张开大口，高举其后腿参加搏斗。七星瓢虫终因寡不敌众，被几只蚂蚁狠狠地各咬了一口，可是它却像什么也没发生过似的，依然斗志昂扬，而蚂蚁们却全部失去了战斗力，个个都痛苦地站着发呆——中毒了，原来七星瓢虫的体内能分泌一种能使其他动物暂时麻醉的刺激性液体。只见它们的大"牙"半张不开，触角向后耷拉，前腿无力地举起，完全失去了几秒钟前的威风。片刻之后，蚂蚁从中毒状态中苏醒过来，这时它们也学乖了，再也不敢正面冲向七星瓢虫，也不敢张嘴，心有余悸地把它的右触角伸向敌方，七星瓢虫却依然在叶片上寻找它的食物——蚜虫。眼看着蚜虫一条一条地成为七星瓢虫的肚中之物，没了甜食，蚂蚁只有"无可奈何"地另谋出路去了。

胆小的"星星虫"

七星瓢虫是种胆小的虫子，不信你可以抓一只来做做实验。如果你用手捏它们一下，手上就会沾满它们排放出来的黄色液体。这种液体是它们用来保护自己的保护液，虽然气味难闻，但是对人体无害。当七星瓢虫遇到敌人的时候，就分泌这种液体，让敌人望而生畏，马上逃跑。不过，它们也不会随便浪费自己身上这宝贵的资源。很多时候，瓢虫靠装死来躲避敌人。假如你在野外的树枝上看到了它们，只要摇动树枝，它们就会哗哗地掉下来，这可是抓它们的好办法。七星瓢虫的宝宝就更胆小啦，如果你手上有一只刚刚从蛹壳里爬出来的七星瓢虫，只要用手推它一下，那么一天后，当别的小瓢虫长斑点的时候，它就不会再长了。怎么样？很神奇吧。它们胆小到可以不要自己的斑点了呢！

瓢虫世界不通婚

除了七星瓢虫以外，还有很多种身上长斑点的瓢虫，比如常见的有二星瓢虫、六星瓢虫、十一星瓢虫、十二星瓢虫、十三星瓢虫、二十八星瓢虫等等。在这些瓢虫中，并不是所有的瓢虫都是益虫，如十一星瓢虫和二十八星瓢虫就是害虫。有趣的是，在瓢虫的世界里，益虫和害虫两个种类各踞一方，互不联系，互不干扰。只有在两个种族生活的交界地区，才会有"混居"的状态。不过，即便如此，在它们之间也不会"通婚"。有科学家在研究它们的生态过程中发现，就算同属害虫或者益虫，不同种类的瓢虫也不会"通婚"，如果强迫它们交配，它们生出的小瓢虫也没有生育能力，就像驴和马所繁衍的后代骡子一样，无法再创造新的生命。

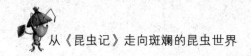

象鼻虫

其他的那些虫子，那些粗短的、长着坚硬凸状鞘翅的虫子，那些数量仅次于双翅目昆虫的虫子，它们是些什么样的虫子呢？

看看它们延伸成喇叭状的狭小的脑袋，我们就一清二楚了。它们是长鼻鞘翅目昆虫，是有吻类昆虫，说得稍许文雅点，就是象鼻虫。细小的、中等个儿的、大个头儿的全都有，与它们今天的同类的大小一样。

它们在石灰质岩片上的姿态没有蚊虫的姿态端正。爪子乱伸，喙或藏在胸下，或向前伸出。它们当中，有的露出喙的侧面，更多的是通过颈部的一绺浓毛把喙歪在一边。

现在，随着人们生活水平的提高，对于孩子来说，如果见到一只鼻子长长的虫子，估计会把它当成一个罕见物种来对待。而实际上，这种鼻子长长的象鼻虫在我们身边已经生活很多年了。以前，人们在淘米前摘的米虫其实就是它们，只是我们现在很少接触它们罢了。

"长鼻子"怪虫

象鼻虫有一只"大鼻子"，是从它的头部一直向前伸的长管，因为形似大象的鼻子，所以人们称它为象鼻虫。不过，与大象不同，象鼻虫的"鼻子"

象虫

是用来吸食食物汁液的口器。现在，很多人都不认识象鼻虫，把它当成一种怪异的虫子来看待。实际上，象鼻虫是昆虫世界中种类最多的一个群体，全世界已知的象鼻虫种类达600种之多，仅我国台湾产的象鼻虫就至少有141种。它们有大有小，小的有1厘米，大的则有10厘米。有时，它们的鼻子就会占了一半的大小。

除了鼻子长得长以外，它们还有另外一个特点，就是触角长在口器上，这在昆虫世界中是很罕见的。另外，它们那大象一般的头部是能够左右转动的，那形态就像是建筑工地上的大吊车。用专业术语来讲，它们的口器叫作"头管"。

象鼻虫是有名的经济植物害虫，但并非所有种类都是，也有些是不会对经济植物造成危害的。它们吃棉花棵的芽和棉桃，并在棉花上产卵，然后孵化出浅黄色的幼虫。它们的头部非常发达，能在植物的茎内或谷物中蛀食。还有的种类更厉害，甚至会在植物根内穿刺。因为它们的存在，才使作物在大风的时候从受害部位被折断。在我国，这种害虫曾在台湾中部地区的蕉园内猖獗过，当时台湾当局在台中收购的象鼻虫数量可达两千七百多公斤，其灾害程度可想而知。

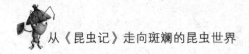
特别爱装死

象鼻虫生性迟钝，行动迟缓。但有些大眼象行动敏捷，其飞翔能力可以和虎甲相比拟。很多象鼻虫的后翅退化，不能飞，生活在陆地上。有后翅的种类一般也不善于飞翔，不容易逃避敌人的攻击。因为它们的后翅难以展开。为了逃避攻击，当它们感受到危险信号时，便从寄主突然掉入草丛，以假死的方式保护自己。

象鼻虫的假死行为比其他甲虫更普遍。只要它们遇到敌人，哪怕还没有接触到它们的身体，便倒地而卧，开始装死。它们趴在地上一动不动，好像死了一样。这时候，原本想要捕杀它们的猎手也懒得去吃它们了，因为很多昆虫是不吃死掉的尸体的。不过，它们这种装死的能耐却被人们加以利用，变得适得其反了。只要人们使劲摇动有象鼻虫的树木，装死的象鼻虫就会一把一把从树上掉下来。

你一定不知道的！！！

五谷混搭生米象

在我国南方，因为天气潮湿、闷热，大米里经常会生虫子，这种虫子叫作米象，也叫米虫，是象虫科的一种。它们繁殖速度很快，每年约有8~9个世代，常在谷物中被发现，为谷物中主要的害虫。米象不仅吃谷物，还会将卵产在谷物中。米象成虫会用口器将糙米啮一个深孔，然后将卵产于孔内，一粒谷粒一卵，粮食越多，它们繁衍的后代也越多。

贮存2~3年的陈粮是它们的主要危害对象，成虫啃食大米，幼虫则蛀食谷粒。除了储藏时间太久的米容易生米象外，五谷混装的粮食也非常容易生米象，所以五谷粮食要尽量分开存放，等到需要混搭食用的时候再拿出来一起食用。

孔雀蛾

那是个难忘的晚会。我称之为大孔雀蛾的晚会。有谁不知道这种华美的蝶蛾？它是欧洲最大的夜蛾。它穿着栗色的天鹅绒外衣，带着白色的皮毛领套。那灰白相间的翅膀，拦腰横着由暗白色"之"字连成的波浪线纹；边缘有一圈表层呈熏黑色调的白边；正中央是个圆点，像一只由黑瞳孔和红光澜组成的大眼睛；这圆点周围，环包着黑、白、褐、红各种颜色的弧形线条。

《昆虫记》中所描写的这个片段，是法布尔在自己的实验室中孵化出了一群孔雀蛾，并惊喜地发现整间屋子里都布满了孔雀蛾，而那些雄孔雀蛾正急着向雌孔雀蛾表达爱意的情形。孔雀蛾是一种长得很漂亮的蛾，是一种像飞蛾一样的蛾，它们中最大的来自欧洲，全身披着红棕色的绒毛，脖子上有一个白色的领结，翅膀上有灰色或褐色的小点，中央的彩色圆点像一个大眼睛，有黑得发亮的瞳孔和许多色彩镶成的眼帘，包括黑色、白色、栗色和紫色的弧形线条。这种蛾是由一种长得极为漂亮的毛虫变来的，它们的身体以黄色为底色，上面嵌着蓝色的珠子，靠吃杏叶为生。

短命的"情痴"

孔雀蛾从出生开始，就一直在努力寻找它的爱情。不管路途多么遥远，

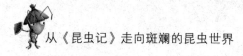
大孔雀蛾

途中有多少艰难险阻，它们都勇往直前。它们的信念很坚定：那就是无论如何都要找到自己的伴侣，然后繁衍后代。可是，世间如此痴情的动物居然只有短暂的两三天的寿命，而它们用来寻找配偶的时间，也只有夜间的几个小时。大部分的孔雀蛾都在还没有找到配偶的时候就死去了，只有少数的孔雀蛾会找到自己的配偶，然而在它们当中，很多都没有机会看到自己未来的小宝宝。

这样看来，孔雀蛾真是很了不起。因为它们心里面只有自己的伴侣和孩子，它们是伟大的父母。不过，孔雀蛾的寿命为何如此短暂呢？原来，它们是终生不吃东西的。其他种类的蝶蛾会成群结队地在花园里上下飞舞，吸食花朵中的蜜汁，孔雀蛾却从来没有想过要寻找食物来喂饱自己的肚子，所以它们只能活两三天。

痴情的孔雀蛾，生命虽然短暂，但他们的爱却如飞蛾扑火般热烈。

蝶与蛾的区别

蛾与蝶有什么区别呢？下面我们以表格的形式来对比说明：

	蝶	蛾
时间	大多白天活动	大多晚上活动
触角	棒状，有点卷曲无分叉的触角	羽毛状，像两把小梳子
体型	身体瘦长，翅膀阔大，飞起来翩翩起舞，静止时两对翅竖立在背上，前一对在内，后一对在外，有时还要上下不停地扇动。	蛾子的身体比蝴蝶粗而短，翅膀狭长，飞的速度比较快，有点东碰西碰的样子，静止时后翅被盖在前翅下面，半斜形地平铺在身体两边，像屋脊一样。
身体表面	身体表面布满绒毛	身体比较光滑

蛾的种类

　　1.很有韧性的深色白眉天蛾能容易地在沙漠稀疏的植被中生存。2.长舌头的马达加斯加天蛾常盘旋着吃东西，而蝴蝶则是停留在花朵上。3.冬青大蚕蛾是阿特拉斯蛾中的小群体，全部来自亚洲，是蛾世界里的巨人。4.维纳斯转蛾仅见于非洲南部，幼虫在树干里取食。5.这只亮丽的东非的蛾习惯在大白天飞翔，翅膀闪烁着彩虹般的光，维多利亚时代的人造珠宝常使用这种款式。

蝈 蝈

　　清晨，我在门前散步，突然听到刺耳的吱吱声，感觉旁边的梧桐树上有什么东西落了下来，发生了什么事？我跑过去一看，一只蝈蝈儿正在享用它的战利品——奄奄一息的蝉的肚子。胜利者把头伸进蝉的肚子，一点儿一点儿地拉出肠子，绝境中不幸的俘虏啊，它的哀鸣和挣扎无法改变被开膛破肚的命运。原来，这是一场发生在梧桐树上的战斗。清晨，当蝉在树枝上散步的时候，却不知已经被绿衣猎手盯上。蝈蝈儿纵身一跃，将猎物死死地咬住，惊慌失措的蝉飞起逃窜，攻击者和被攻击者就从树上一起掉了下来。

　　蝈蝈，以其善鸣而深受人们的喜爱，早在《诗经》中便对其有过描写。蝈蝈的饮食种类很丰富，属杂食性，但食肉性强于食植性，尤其是带有甜味的肉；它也喜欢吃昆虫，特别是没有过于坚硬的盔甲保护的昆虫。它也吃水果的甜浆，死去的同伴也被列入菜单。有时没有好吃的东西，它甚至还吃一点草。

绿色蝈蝈儿

唧唧婚恋曲

玩过蝈蝈的大多知道，其实只有雄性蝈蝈能够发音，它们用两叶前翅摩擦发出醇美响亮的鸣声，这种鸣声的主要作用是吸引异性、呼唤同性、惊吓敌人。雄蝈蝈的鸣器前翅在背区，鸣叫发声时两前翅斜竖起，来回摩擦，从而发出巨大的音响。两翅愈发达（翅大且厚），摩擦就越强劲有力，叫声就愈大。雄性蝈蝈努力摩擦自己的两翅，以吸引雌蝈蝈的注意。用心听，这是小伙子求爱的清唱，是用歌谣谱成的情书。因此，雄蝈蝈的鸣叫声也被称为：唧唧婚恋曲。

雄蝈蝈在遇到心仪的对象时，会狂热地鸣叫，它们争先恐后地向心爱的人儿表白，大声地倾诉着自己的爱慕之情，并且不吝啬时间来表达自己的爱意。假如有雌蝈蝈回应了雄蝈蝈的邀请，雄蝈蝈便会来到雌蝈蝈的身边，用它的头碰着雌蝈蝈的头，两只蝈蝈柔软的触须长时间相互触摸着，探寻着，不时伴着雄蝈蝈的鸣叫声。雄蝈蝈幸福地唱着，这是它们的结婚仪式。伴随着优雅的婚礼进行曲，两只蝈蝈走向了幸福的婚姻殿堂。

在它们结婚一个小时之后，雄蝈蝈会排出一条直径达10mm的黏性精托，

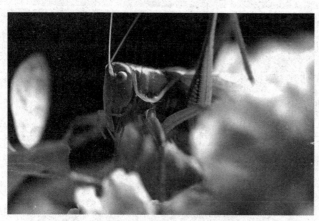

花丛中的蝈蝈儿准备歌唱了。

并附着在雌蝈蝈的生殖器内外，这时雌蝈蝈便将腹部向前弯曲，用嘴咬住精托，将精子挤进精囊中，将黏糊糊的精囊一口口地吃下去，这样便可以产生受精卵了。蝈蝈的一生可以

交配很多次，交配后的2~3周，雌蝈蝈就开始产卵了。雌蝈蝈产卵时腹部向上提，然后将产卵管垂直地插入土内，产卵瓣再上下蠕动，这样就将卵分批地产到土中了。经过一段时间的发育，卵宝宝就会长大变成蝈蝈了。

蝈蝈跳水自杀之谜

自然界中有很多神奇的动物，蝈蝈便是其中的一种——它经常因为无法忍受体内一种叫作线虫的寄生虫而跳水"自杀"。长期以来，这对人们来说都是一个谜团，研究人员对其中的具体原因一直琢磨不透，直到法国发展研究所的科学家找出了这个谜团的答案。

原来，蝈蝈身体里面藏有一种线虫的幼虫，当线虫幼虫发育到一定程度后，就要开始在水里生活，以度过其成年阶段，并且在水中繁殖后代。于是，线虫幼虫会"迫使"寄主离开自己生活的环境，纵身跳入水中。法国发展研究所的戴维·比龙等人，在研究了有寄生线虫的蝈蝈和没有寄生虫的蝈蝈二者之间细胞蛋白表达的差异，以及蝈蝈"自杀"前与"自杀"后细胞蛋白的表达差异之后，终于解开了蝈蝈跳水"自杀"之谜。

科学家们发现，控制蝈蝈中枢神经细胞生长的特定蛋白，可以控制蝈蝈昼夜更替的节奏感和神经活动等。在进一步研究后，他们还发现，原来线虫分泌的化学元素与蝈蝈等寄主的特定蛋白有很大的相似性，而由此生成的假蛋白严重地破坏了寄主的中枢神经，使蝈蝈变得失常，并受假蛋白的"诱导"而跳水"自杀"。

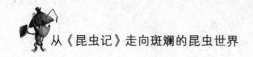

蚂　蚁

> 炎热的夏天的下午，我常常能看到这些蚂蚁兄弟出来远征。蚁队能有五六米长。只要沿途没有什么值得注意的事情，它们就不会停止前进，一直维持队形。但是，一旦发现有蚂蚁窝的蛛丝马迹，领队的蚂蚁就会停下脚步，前排的蚂蚁乱哄哄地散开，又不能走远，只能在原地团团转。后排的蚂蚁大步跟上，便会越聚越多。当出去打探情况的侦察兵回来，证实情况是错误的，它们又排成一队前进。这些强盗穿过荒石园里的小路，消失在草丛中，过一会儿又在远一些的地方出现，然后钻进枯叶堆，再大摇大摆地爬出来，看起来是在盲目地寻找。

在草丛里，一只蚂蚁对另一只蚂蚁说："嘘，别出声，一会大象过来，我伸着脚绊他一个跟斗！"这是一则笑话，借以两个大小悬殊的动物来衬托蚂蚁的自不量力。蚂蚁虽小，但是一群蚂蚁在一起，就会成为一支强大的队伍。它们勇于面对困难，坚忍不拔，是我们小时候的玩伴。对于它们的世界，我们总是充满好奇。

蚂蚁识路的秘密

很多年前，法布尔在《昆虫记》中记载，蚂蚁是靠视觉来识路的。因为蚂蚁可以举起相当于自身体重52倍的物体。

在剪掉蚂蚁的触角后，它们依然能够找到回家的道路，虽然会慌乱一阵。很多年过后，科学家们再次研究这个问题的时候，他们发现法布尔的研究是有偏差的。蚂蚁的视觉确实极其敏锐，不但陆地上的景物会被它们用来认路，而且太阳的位置和天空照射下来的日光，都能被它们用来辨认回巢的方向。但除了敏锐的视觉，它们还拥有如盲人的拐杖一般的触角。它们正是依靠着自己的触角接触外界，通过触角探明前面物体的轮廓、形态和硬度。

而且，除了敏锐的视觉和灵敏的触角以外，蚂蚁还能根据气味识路。蚂蚁一边走路，一边从腹部末端的器官和腿上的腺体里不断分泌出少量的、带有特殊气味的化学物质——标记物质，沾染在路上，留下痕迹。在返回的时候，它们只要追寻着这种气味，就不会迷路了。

这种分泌物也是它们的交流方式，它们平时住在一个蚁巢里面，就采用这种方式进行交流，假如有一只蚂蚁发现了食物，它就会在沿途的路上留下气味，其他的蚂蚁就会循着这种气味去找食物，并不断地加强气味。

分等级的女儿国

我们都知道，《西游记》里有个女儿国，那个国家里的人全都是女性。而在动物界中，也有这样一个女儿国，它就是"蚂蚁王国"。

为什么这么说呢？这是因为在蚂蚁王国中有四种蚁型：蚁后、雄蚁、工

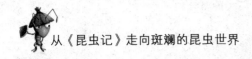
你一定不知道的！！！

> **白蚁不是蚂蚁**
>
> 　　很多人都认为白蚁是蚂蚁的一种，实际上，白蚁并不属于蚂蚁这个种群。虽然白蚁不论外貌特征还是生活习性都和蚂蚁极为相似，甚至名称中都带有一个"蚁"字，但在分类地位上，白蚁属于较低级的半变态昆虫，蚂蚁则属于较高级的全变态昆虫。白蚁是等翅目，蚂蚁是膜翅目，两者截然不同。白蚁的食物主要是木材，而蚂蚁则是杂食动物。与白蚁接近的不是蚂蚁，而是蟑螂。

蚁和兵蚁。其中，除了雄蚁是雄性外，剩下的全部都是雌性。因此被称为"女儿国"。

　　蚂蚁王国里，数量少的有几十、几百只，多得则上千上万只。如此庞大的一个群居王国，是怎么进行管理的呢？蚂蚁王国把蚁群们分为四个等级，第一个等级便是蚁后，它是蚁群中个头最大、生殖器官最发达的蚂蚁，主要职责便是繁衍后代，统管整个蚁国。在蚁后下面的，便是雄蚁，它们负责与蚁后交配，共同繁衍后代。在雄蚁下面的，是工蚁，它们与蚁后和雄蚁不同，没有翅膀，是没有发育的雌蚁，是蚁群中个头最小但数量最多的一种。它们善于步行奔走，主要工作便是建造和扩大巢穴、采集食物、饲喂幼虫及蚁后等。在蚁国这个小小的国家里，也有属于自己的军队，即兵蚁。兵蚁头很大，上颚发达，可以粉碎坚硬的食物，它们也是这个国家中义不容辞保卫国家人民的使者。

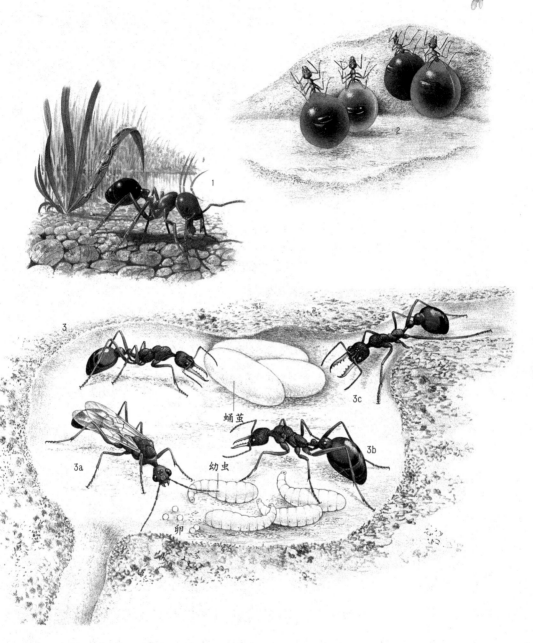

各种各样的蚂蚁

1.红蚂蚁是严重的农作物害虫，由于它们有毒，被咬过后，伤口有烧灼感，故得名。2.美国蜜蚁的工蚁从不离开巢穴，以花粉和蜜露为食，是干旱时节集体的"活储存罐"。3.澳大利亚公牛蚁地下的巢室、幼虫和卵。3a.一只有翅的雄蚁。3b.蚁后。3c.两只工蚁在照顾蛹茧。

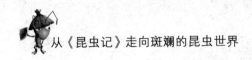
螳　螂

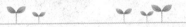

　　它只以捕捉活食为生。它是威胁昆虫界和平居民的老虎，它是吃人巨妖，它埋伏在那里，只等鲜美的肉食送上前来，便把它捉住吃掉。它的力气本来就够大了；这强劲再加上嗜肉的胃口和效力惊人的捕猎器，可想而知，将足以变成威慑乡野的一种恐怖。

　　如果撇开那致命的捕猎家什不论，螳螂实在没有什么让人害怕的地方，甚至还不乏优美呢。你看，那苗条的身腰，那俏丽的短上衣，那一身的淡绿，还有那长长的纱罗翅膀。他没有张开来像剪刀的凶狠大颚；相反，长着的是一副又细又尖的小嘴儿，看上去就像是啄食的。脖颈从胸廓中挺立而出，可以弯曲扭动；脑袋更能够灵活转动，既可左旋右转，又可前探后仰。昆虫当中，惟有螳螂能调动视线；它会察看，会打量；它那副嘴脸简直能做出表情来。

　　有这样一种昆虫，即便是在烈日炎炎的草地上，也会看到它庄重地抬起前半身，伸起它那可以称之为胳膊的前爪，举向天空。它这副神圣的祈祷姿势，总是让我们想起虔诚的修女，所以人们为它起了一个特别的名字——修女袍。在我国，我们称之为螳螂。虽然螳螂拥有一副静默祈祷的神情举止，但它实际上却是一个残忍的杀手。它擎着一双祈求的胳膊，其实是在时刻准备着劫

外表优雅沉静的螳螂实则是凶狠的捕猎者。

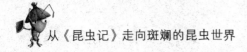

持猎物……

螳螂的武器

你一定知道鲁班发明的锯子吧，锯子锋利无比，很容易锯开东西，给我们的生活带来了很大的便利。那么，锯子是如何发明的呢？原来，鲁班有一次到深山砍树木，一不小心，手被一种野草的叶子给划破了，他摘下叶片一看，原来这叶子的两侧长着锋利的锯齿，而他的手就是被这些小锯齿所划伤的。鲁班从这种带锯齿的草中得到了很大的启发，便发明了锯子这种便捷的工具。其实，不仅植物拥有锋利的锯齿，某些动物也有，例如螳螂。在螳螂的大臂上，就有很多这样锋利的锯齿状结构。

螳螂一共有三对足，最大的是身前那对粗大的呈镰刀状的足，后面的两对足，一大，一小。胸前那对粗大的足，我们称之为捕猎器。这对捕猎器上的锯齿最为锋利，共有三大节，一弯一曲，像织布的梭子一样，充满战斗力。它虽是刽子手的屠刀，但却装饰得非常漂亮，几节锯齿颜色呈渐变式，而且最大一节捕猎器的内侧还有像珍珠一般的圆点作装饰。

你可不要小看它这对捕猎器，有了它们，即使遇到比自己个头大的猎物，螳螂也能轻松捕获。它们张开那捕猎器，用上面的锯齿割破猎物的身体，齿尖刺痛猎物的神经，保证猎物跑不掉！

螳螂有像锯子一样锋利的大臂。

交配时杀夫

你或许听说过这样一个说法：雄螳螂和雌螳螂在交配的时候，雌螳螂会将雄螳螂吃掉。这样做是为了更好地繁衍后代。在动物界，有100多种动物会发生类似这种为情残杀、互相吞食的现象，螳螂只是其中一种。我们人类或许无法理解这种现象，但对于动物来说，这种残杀却是必须的，这对繁衍强壮的后代以及控制种群数量是大有益处的。虽然都是吞食自己的伴侣，但螳螂却另有特色。

首先，雌螳螂吃雄螳螂是从头部下手。充满爱意的雄螳螂鼓足勇气万般小心地向雌螳螂靠近，"螳螂妹妹，我们一起散步好不好？"雄螳螂说，"当然好了。"雌螳螂羞答答地侧着身回应了一句。雌螳螂的回答让雄螳螂一下子心醉神摇，可当雄螳螂刚沉浸在爱情的喜悦之中时，却霎时被雌螳螂一口咬住头颅，吞进肚里。好残忍的女杀手！

对于雌螳螂的这种食夫行为，人们一直迷惑不解，直到1990年有位动物

螳螂不仅捕食异类，还吃同类。

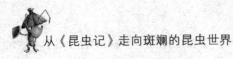
行为学家解开了这个千古之谜。雌螳螂到底为什么要杀夫？为什么要先咬掉雄螳螂的头？为什么不等交配完之后再吃雄螳螂？原来，雄螳螂神经系统的抑制中心在头部，雌螳螂吃掉雄螳螂的头，也就解除了雄螳螂的神经抑制，这样，雄螳螂体内的精液才会顺利地流入雌螳螂体内，与雌螳螂体内的卵子结合。此外，雌螳螂吃掉雄螳螂，可以获得更多的营养，尤其是处于饥饿状态的雌螳螂。雌螳螂吃饱了肚子，体内的卵子也得到充分的受精，这样，它就可以把获得丰富营养的卵子产下来了。

在野外生存并不是一件容易的事，很多时候，螳螂们都处于一种饥饿状态，但如果雌螳螂并不饥饿，它们大多时候还是不会吃雄螳螂的，可见雌螳螂食夫的主要原因是肚子饿。不过，雌螳螂吃掉雄螳螂，对后代是有益的，科学表明，那些吃掉了配偶的雌螳螂，其后代数目比没有吃掉配偶的要多20%。由此看来，雄螳螂虽然为此付出了生命的代价，但它和雌螳螂的孩子一定会健康地长大。

你一定不知道的！！！

雨林中最美的昆虫

在马来西亚密密层层的热带雨林里，在艳丽如画的兰花上，居住着这样一群美丽的小精灵——兰花螳螂。它们与兰花相伴，有着世界上最完美的伪装，似乎是从兰花中长出一般，与兰花融为一体。兰花螳螂，在若虫阶段从背面看起来，几乎就是一朵如假包换的兰花。它的身体会随着成长改变颜色，从血红转为粉红再到白色。这有着花之神韵的精灵，当之无愧的从世界上1800种同类中脱颖而出。相信不管是谁，只要亲眼看到兰花螳螂，都会惊诧于它的美丽，以及那与兰花形神兼备的身姿与仪态。这种美丽至极的精灵，真是"深红浅白画不如，是花是虫两不知"。

蝎 子

我从来没见过这样的情景：两只蝎子面对着面，一只身体较小、颜色也较深，是雌蝎；另一只是雄蝎，比较瘦小、颜色也浅。可是接下来不是挑战，而是用整肢友好地握住对方的指头。它们将尾巴盘成螺旋形，迈着整齐的步伐沿着玻璃墙散步。雄蝎子倒退着前进，不仅面向雌蝎子，而且紧紧牵着雌蝎子的手，让对方顺从地跟随着。它们停停走走，一会儿走到这里，一会儿走到那里，看上去让人摸不着头脑。它们一直手牵着手，就像礼拜天的晚祷后，在我们村里的树篱边，总能看见一对对年轻的情侣在散步。

雄蝎子一直是这次散步的引导者。它们不断地改变方向，整整一个小时中，它们没完没了地一直来回走动。但是，不管往哪个方向，总是雄蝎子决定。它紧紧握住女士的手，优雅地侧转身和对方并排站立。这时，它用平放下来的尾巴温柔地抚摸一下雌蝎子的背。而雌蝎子保持了一贯顺从的作风，一动也不动。

蝎子一直都是一种神秘的动物。它们昼伏夜出，喜潮怕热，喜暗惧光。蝎子身前那个巨大的像钳子一般的东西叫作螯，能牢牢地抓住猎物，挥动起

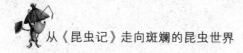

来很是威风。它的腹部分为前后
两部分，前腹七节，后腹五节。
尾部具有能向前弯曲的毒刺，内
藏有毒腺，常栖息于干燥地带
的碎石、树皮或土穴
之中。蝎子毒性
很强，它的毒针
能使其他昆虫顷
刻毙命。有趣的
是，蝎子有4对
眼睛，背部中央
有1对中眼，前

身体由坚硬
的似盔甲般
的外壳覆盖

尾部由6节
段组成，使
其能弯曲

眼睛

螯能抓住猎物
并将其夹牢

蝎子外部形态示意图

端两侧各有3对侧眼。不仅如此，当它们所有的眼睛都被蒙住的时候，它们的
尾巴还可以代替眼睛探测光线。这大概就是蝎子可以在黑暗的环境中生活，
并敏捷地捕到猎物的原因吧。

会装死的蝎子

众所周知，假如你到深山老林里游玩，不幸遇到棕熊一只，当它两眼放
光地朝你跑过来时，你多半情况会选择躺在地上装死。当然，其实这并不是
一种完全正确的行为，但是拥有智慧的人类却总想着用智慧来解决问题。蝎
子虽然属于低级动物，没有人类那么高的智慧，但是它们也会装死。

在《昆虫记》中，法布尔做了这样一个实验：他用木炭块围成一圈火
墙，把一只白蝎放入火墙当中。白蝎待在这样一个封锁的"密室"里，要么
跳出去，要么被火活活烧死。风吹过来助长了火的燃烧，碳墙显得更加通红

了。怎么办？竭尽全力冲出去！白蝎开始变得狂躁，不顾一切向前冲，可是每冲一下就被火烫一下。法布尔本来想可以把好戏看到头，没想到白蝎突然抽搐在地，一动不动了。过了一会儿，依然如此。到了最后，彻底僵直了。这时，你一定会认为白蝎已经死掉了。为了验证白蝎是否真的死掉，法布尔将白蝎转移位置，放到了一摊凉土上。一个小时过后，白蝎突然复活了，跟测试前一样生机勃勃。表面上已死的蝎子，实际上只是出于自卫装死而已。

赖在妈妈背上

一只雌蝎子在它8年的生命里，可以连续产卵3~5年。蝎子妈妈怀孕后，经过一年的时间才可以孕育出小蝎子。在受孕后第二年的7月到9月，蝎子妈妈们开始集中产卵，将尚在卵胎中的蝎子宝宝们一只只的生出来。生宝宝之前，蝎子妈妈会找一个适宜的产房将宝宝们陆续产出。宝宝们一个个都躺在如米粒般大小的卵房里，而卵房外面则包裹着一层白色的黏液。

"妈妈，让我出去。"听着宝宝们的叫声，蝎子妈妈抓起卵的薄膜，把它撕破，扯开，然后吞咽进去。这与母羊生完小羊后，用嘴唇给小羊舔舐掉胎膜是同一个道理。终于摆脱了身上的束缚，小蝎子们伸展开身体，顺着妈妈的肢体爬到妈妈的背上。

蝎子妈妈是位尽职的母亲，从小蝎子爬到自己背上开始，它便大门不出，二门不迈，终日在家照顾小蝎子们。一个星期

雌蝎子要背着小蝎子一周左右。

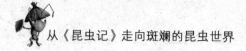

过去了，小蝎子们看起来已经初具轮廓。这个时候，小蝎子也迎来了它们人生中重要的一关——蜕皮。首先，小蝎子胸部的皮裂开一条缝，然后它们从裂缝中钻出来，蜕下一层干巴巴的皮。这层皮留在蝎子妈妈的背上，像毛毯一样，供小蝎子们休息。蝎子妈妈每天背着小蝎子，让它们上上下下跑着玩耍，累了就爬回背上休息。就这样又过了一周，小蝎子们变得更加成熟了。两周过后，蝎子妈妈背上的毛毯便一块一块地脱落了，小蝎子的监护期也结束了，在这之后，它们将会走到远方去寻找新的生活！

你一定不知道的 **！！！**

蝎子可以做保镖

　　非洲的帝王蝎是世界上最大的蝎子，大的可以达到30厘米，无论是单只还是平均来看，它们的个头都可以称之为世界之最。因为个头巨大，帝王蝎被很多人买来做宠物，还有的组织则用它当保镖。举个例子来说，2007年的一个名为"南里昂手表与珠宝"的展览会上，组织者为保护珠宝安全，将12只帝王蝎放入展柜中来充当本次活动的"保安"。虽然它们的毒性并不大，但"安保"效果却出奇的理想。据说，只要生活环境适宜，这种蝎子就可以活20年。

菜粉蝶

菜青虫群一踏上卷心菜的青绿牧场，便开始创造能使身体保持稳定的环境。它们这儿两三只，那儿三五只，每个成员之间留出很近的空当，各自吐着自己的丝线，布下许多短短的缆绳。丝缆格外纤细，用放大镜仔细观察才能看到。没多久，小菜青虫完成一次蜕变，外衣发生变化，浅橘黄底色上，显现出许多黑色斑点，混杂在白色纤毛之间。蜕皮是件十分疲劳的工作，这期间，小虫要静卧三四天。这几天一过，饥饿感无法满足的进食期便开始了。其后几个星期，卷心菜会被糟蹋得满目狼藉。

如此厉害的胃口！好一副夜以继日工作的肠胃！这是个吞料的无底洞，食物尽管从中穿过，它们会立即转化成别样的物质。我挑选一束最大的菜叶，投喂给钟形笼里的虫群。两小时后，剩下的只有菜梗。如果新鲜菜叶投放得慢了点儿，虫子们就要接着啃菜梗吃了。照这样的速度，一片一片地投喂，一百公斤卷心菜，大概也不够我一个星期用的饲料。

菜青虫，就是菜粉蝶的幼年时代。它们居住在世界各地，因为身体呈青绿色，所以人们叫它们菜青虫，又称青虫、菜虫。我们平时在摘菜的时候，在

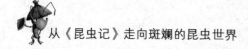
菜叶子上看到的那些青色小虫就是菜青虫。它们刚刚出生的时候，会把自己身上的卵壳吃掉，之后再转战到各种菜类食物上，比如小油菜、甘蓝、花椰菜、白菜、萝卜等等。

虫化蝶的蜕变

菜青虫是菜粉蝶的幼虫，是毛毛虫中的一种。它的蜕变也是经历"卵—虫—蛹—蝶"这四个阶段。菜青虫是个不折不扣的坏蛋，寄住在各种十字花科类的蔬菜上，它每日大量进食蔬菜，吃完后，还把粪便排在蔬菜上。对人类食用蔬菜造成如此之大的破坏，又这么不讲卫生，难怪人们一直想尽各种办法来消灭掉它们。

落在花上的菜粉蝶

不过，小坏蛋也有长大的一天。它们刚来到这个世界上的时候，是一颗颗小卵，经过2~11天的努力，它们终于破卵而出，以一只青色小虫的样子展现在大家面前。它们蠕动着身躯，啃食着蔬菜，从一个叶片到另一个叶片。2~5周后，菜青虫便迎来了它生命中的第三个阶段——化蛹。化蛹是一个很艰辛的过程。菜青虫们拖着自己行动缓慢的身躯，一点一点慢慢蠕动，挪到叶子的正面或反面（夏季在叶片背面，冬季在叶片正面）不易浸水的地方，它们一边吐丝一边将蛹体缠结于附着物上。到了第二年春天，它们陆续羽化，变成拥有白色翅膀的蝴蝶，也就是成虫。成虫的翅膀色泽有深有浅，随不同地域、不同生活环境而有所不同。每年早春，我们见到的第一批蝴蝶，往往就是它们。

不褪色的翅膀

蝴蝶的翅膀具有鲜艳夺目的颜色，极少有其他动物能与之媲美。该群体中的每个种类都有自己独特的色彩图案，有的甚至不止一种，不同的种类和性别也表现出不同的图案组合。此外，这些颜色即使在它们死后也不会褪去。很多风干了的蝴蝶标本都完整地保留了它们固有的颜色，而其他动物在死后色彩则马上消失。为什么它们可以永葆青春，一直保持光鲜的色彩呢？

原来，蝴蝶翅膀上的鳞片拥有永久性的色素，这些色素有些是它们自身产生的，有些则是靠汲取外界食物带来的。举个例子来讲，昆虫身体里会产生一种黑色素，使它们的身体变黑；而诸如植物色素、类胡萝卜色素、叶黄素、花青素等则是靠它们自己食用外界植物所产生的色素。在蝴蝶的翅膀上有很多鳞片，在吸收了这些基础色素后，多种基础色素叠加起来便会产生新的颜色，让它们的翅膀看起来更美丽。同时，鳞片表面有一些精微的突起，这些结构的存在会产生闪光的颜色，并随着视角的转变而转变。

雄性大闪蝶可以像人类手掌那么大，有着带有金属光泽的蓝色翅膀。这种蝴蝶通常喜欢在丛林的近地面"滑翔"，寻找它们最喜欢的食物——腐烂的果实。

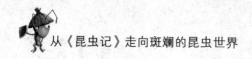
蝗 虫

蝗虫如同扇子般突然展开的蓝色翅膀、红色翅膀；在我们的手心乱蹦乱跳的天蓝色，或者玫瑰红的带锯齿的长腿——我的那些孩子们在梦里见到的大概就是这些可爱有趣的小昆虫吧。与他们借助魔灯看到的东西一样，我也常在梦中与它们相遇。它所带来的无邪与天真，时刻都抚慰着孩子们和老年人柔软的内心……

你们的好处远甚于坏处，至少我这么认为。你们从没有给这个地区造成过伤害，这里的农民也没有对你们产生抱怨。绵羊不吃长着芒刺的植物，你们吃了，农作物中间那些让人讨厌的杂草也是你们热衷的食物。此外，长不出果实的东西，被其他动物抛弃，而你们却喜欢得不得了。事实上，当人们收割完麦子后，你们才现身，就算你们在菜园子里偷吃了几片生菜叶，那也不是什么不能宽恕的弥天大罪。

　　蝗虫又称蚂蚱，是一种以植物、农作物为食的生命力顽强、数量众多的昆虫。它们有一双粗壮的后腿，非常善于跳跃，口器坚硬，前翅狭窄而坚硬，后翅宽大而柔软，全身多为绿色、灰色、褐色或黑褐色，以左右翅相互摩擦或后足腿结的音锉摩擦前翅的隆起脉而发音。蝗虫在身体未发育完全时，靠跳

灰蝗虫

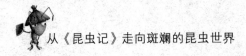

跃活动；长大变为成虫后，便会长出翅膀。它们的生存能力很强，即使掉入水中，也能存活24小时。这种昆虫用沸水烫死后可食用，味道鲜美并含有丰富的营养成分，在民间被称为"旱虾""飞虾"。

"联合收割机"

有这么一种自然灾害，它可以与水灾和旱灾相提并论，它就是蝗灾。蝗群是一支组织庞大的军队，飞到哪里哪里便遮天盖日，但凡是它们途经的地方，必然草木皆枯，只剩下秸秆空秃秃地留在地上。前两年澳大利亚便遭遇了一场甚为严重的蝗虫灾害。据澳大利亚媒体报道，这是澳大利亚75年来遭遇的最严重的蝗虫灾害。蝗虫吃掉了维多利亚省比例高达1/4的农作物，造成的农业经济损失可达20亿澳元。这些如"联合收割机"一般的昆虫是农作物的重要害虫，在严重干旱时可能会大量爆发，给人类带来巨大灾害。

我国的古书上很久以前就有"旱极而蝗"的记载。严重的蝗虫灾害往往和严重的旱灾相伴而生，这两者之间有着紧密的联系。蝗虫是一种喜温暖干燥气候的昆虫，在这种环境里，它们生活得最适宜并且繁殖量也最大，这样它们便拥有了强大的队伍。有了这些条件做支撑，便产生了蝗灾。

成群飞的秘密

蝗虫一旦成群而飞，就会在有农作物的地方进行大规模的"扫荡"。蝗灾之所以会使人类的家园受到很大侵害，就是因为它们数量众多，并且同时袭击我们的家园。我们知道，鸟儿会为了减小空气的阻力而成群飞行，那么蝗虫又是为什么能够成群结队呢？

动物的生存方式分为两种：独居和群居。以何种方式生存与它们所生长的环境紧密相关。而蝗虫会根据外界环境的不同适时改变自己的生存方式。

超越飞机的蝗虫

　　居住在非洲和亚洲沙漠的沙漠蝗虫，被认为是目前世界上飞行速度最快的昆虫，它们的速度可以达到每小时33公里。之所以能达到如此快的速度，是因为它们有着与其他昆虫不同的翅膀结构。在飞行时，这种蝗虫与空气接触所产生的摩擦力非常小，这为它们保存能量起到了至关重要的作用。要知道它们有时一次便要飞行300公里的距离，远远超过电池微型直升机的续航能力。

　　当气候适宜、绿色植物生长茂盛的时候，它们用自己绿色的外衣掩盖自己的行踪，独来独往；当天气变得干旱，植被变得稀少而枯黄的时候，为了掩盖自己，它们便换成与外界颜色相近的黄色。在这样危险的环境里，它们必须群居，将队伍壮大起来，这样它们才会安全。它们有着属于自己的信息传播方式——它们后腿的某个部位有个奇特的现象，就是只要那个部位受到化学刺激，它们就会变得喜欢群居（科学家们就是根据这种特点，制成了一种农药，专门打破它们的化学刺激，以此来避免蝗灾）。群居生活一开始，也就出现了它们大量聚集、集体迁飞的现象。这种原本就食量巨大的昆虫，在成为一个群体后，消灭的植物、农作物的量也就从量变到质变了。我们所看到的一群蝗虫盖天飞过，农作物瞬间被啃食光的蝗灾现象就是这么来的。

蟋　蟀

它总是走出家门，在自家门口，一边沐浴着温暖的阳光，一边架起琴弓开始长久的演奏。它的琴弓发出"克利克利"的清纯声响，这音乐既柔和又响亮，既圆润又充满律动。就这样，整个春天的闲暇时光，都被这些美妙的音符染上了快乐的色调。

提起蟋蟀，总是让我们想起乡下田野间它们清脆的鸣叫声，就像《时代广场的蟋蟀》中的切斯特，是天生的音乐家。蟋蟀是直翅目蟋蟀科昆虫，全球约2400种，蛐蛐就是其中的一种。蟋蟀雄虫通过前翅上的音锉与另一前翅上的一列齿（约50～250个）互相摩擦而发声。蟋蟀以中小型为多，常栖息在地表、砖石上、土穴中、草丛间。它们属杂食性，吃各种作物、树苗、菜果等。

外部的刺激会让蟋蟀产生某些行为。在斗蟋蟀时，若刺激雄蟋的口须，会鼓舞它产生敌意，冲向对手；若触动它的尾毛，则会引起它的反感，它会用后足胫节向后猛踢，以表示反抗。

田间地头的蟋蟀

鸣叫声有名堂

在蟋蟀家族中，雌雄蟋蟀并不是通过"自由恋爱"而成就"百年之好"的。只要那只雄蟋蟀勇猛善斗，打败了其他同性，那它就获得了对雌蟋蟀的占有权，所以在蟋蟀家族中"一夫多妻"现象是屡见不鲜的。当然，从生物学进化论观点来分析，这也是自然选择，优胜劣汰，有利于蟋蟀家族子子孙孙健康昌盛。

此外，蟋蟀的鸣声也是颇有名堂的，不同的音调、频率能表达不同的意思。夜晚，蟋蟀响亮的长节奏的鸣声，既是警告别的同性："这是我的领地，你别侵入！"同时又招呼异性："我在这儿，快来吧！"当有别的同性不识时务贸然闯入时，那么它们便威严而急促地鸣叫，以示严正警告。若"最后通牒"失效，那么一场为了抢占领土和捍卫领土的恶战便开始了：两只蟋蟀甩开大牙，蹬腿鼓翼，互不示弱。其激烈程度，绝不亚于古代两国交战时最惨烈的肉搏。

蟋蟀的交流

吸引异性注意时，蟋蟀会发出悦耳动听的鸣叫声。

打斗时，雄性蟋蟀的鸣叫声非常有力。

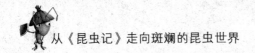

狼　蛛

> 这种狼蛛的腹部长着黑色的绒毛和褐色的条纹，腿部有一圈圈灰色和白色的斑纹，它最喜欢住在长着百里香的干燥沙地上。我那块荒地，刚好符合这个要求，这种蜘蛛的穴大约有二十个以上。我每次经过洞边，向里面张望的时候，总可以看到四只大眼睛。这位隐士的四个望远镜像金刚钻一般闪着光，在地底下的四只小眼睛就不容易看到了……
>
> 如果它看到一只可作猎物的昆虫在旁边经过，它就会像箭一般地跳出来，狠狠地用它的毒牙打在猎物的头部，然后露出满意又快乐的神情，那些倒霉的蝗虫、蜻蜓和其他许多昆虫还没有明白过来是怎么回事，就做了它的盘中美餐。它拖着猎物很快地回到洞里，也许它觉得在自己家里用餐比较舒适吧。它的技巧以及敏捷的身手真是令人叹为观止。

世界上有这样一种小小的动物，它个头不大，但它的毒素却可以马上使一只比它的身体大很多倍的麻雀一命呜呼。虽然它的毒素是用来捕食，很少攻击人类，但你若是惹怒了它，它也同样会给你一口。据传说，它那小小的一口，却会让你痉挛而疯狂地跳舞，除了特定的那几首曲子，剩下任何东西都不会帮你解毒。狼蛛虽然看起来很狰狞，又有毒牙，但实际上它们只在捕食昆虫的时候，才会使用自己的毒牙，平时不会对人类发起攻击，除非你惹火了它们。这就是狼蛛，是一种既让多数人感到害怕，却又让一部分人喜欢而养起来当作宠物的蜘蛛。

蜘蛛的"法网"

蜘蛛一出生就会编网，它们是精湛的技师。每当它们来到一个新的位置时，它们就开始进行复杂的计算——哪个位置利于织网，哪个位置利于捕猎。在做好一切准备工作后，它们就开始织网了。它们用自己身上的吐丝器来吐丝，吐出来的丝又细又坚韧。在织好网后，蜘蛛们趴在网的一角，静静地等待着猎物的来临。这种蜘蛛网具有一定的黏性，所以昆虫落在上面就会被黏住。

一张由四星圆蛛结好的网。织网时，蜘蛛通盘考虑到结构力学，在承重高的地方用更强韧和更粗的线。

等到猎物上钩了，蜘蛛也就开始工作了。虽然蜘蛛有眼睛，但是它们并不是靠视力来辨别网上是否有食物落入的，而是靠猎物冲撞或受困于蜘蛛网上所产生的颤动来感受它们的存在的。在蛛网的中心部分，有一条丝线从蛛网的中心一直延伸到蜘蛛的手里。有了这根线的存在，当猎物上钩时，蜘蛛很快就能感受到它的存在。一只虫子在网上的每一点挣扎、每一点震动，都会通过中央这根丝线传到隐蔽处的蜘蛛那里。这根线就相当于蜘蛛的一个信号工具。

落入网中的昆虫是很难逃掉的，因为蜘蛛所编织的网具有高度的黏性。不过，蜘蛛的腿跟部分会分泌出一种具有润滑作用的油漆状液体，这种液体的存在可以让蜘蛛不受黏液的影响，来去自如。此外，蜘蛛腹部的末端还有好几个纺丝器，可以纺出不同的蛛丝。有的蛛丝没有黏性，有的有黏性。蜘蛛织网的时候，先用不带黏性的蛛丝织出支架，由中心向外放射辐丝，再用带黏性的蛛丝，织出一圈圈螺旋状的螺丝。蜘蛛只要不碰到螺丝，就不会被黏住了。

蜘蛛的一张网只能用一天，到了第二天早晨它又会吐出新的网，以此来保持网的黏性和新鲜度。不过，假如蜘蛛在一个位置结的网一直抓不住食物，那么它们就会弃网而寻求新的地方编网。

从哪里吐丝

在电视剧《西游记》中，蜘蛛精们从自己的肚脐眼中喷出丝，而在人们的印象里，蜘蛛也是用腹部吐丝的。所以《蜘蛛侠》中的男主人公用指端喷丝便显得有点怪异了。近期，英国纽卡斯尔大学的克莱尔·林德等人在新一期《实验生物学杂志》上报告说，狼蛛可以从脚部喷射蛛丝，这么来看，蜘蛛侠的喷丝方式便是合理的了。

英国的研究人员对3种远亲狼蛛进行了实验，首先将它们放在玻璃容器底部，然后再将容器慢慢竖立起来，虽然玻璃容器竖立起来，但是里面的狼蛛并

图中那些来自英国城市花园的小个的灰色幼蛛是草场狼蛛，它们正聚在母亲的背上。在母亲身后的那个白色物体是已经空了的卵囊，很快就会被丢弃掉。

没有从玻璃容器上掉落下来，而且即便敲击玻璃，它们也依然停留在玻璃壁上，仿佛吸附在上面一样。狼蛛为什么可以像壁虎一样吸附在上面呢？原来，狼蛛是通过脚来喷丝的，这些蛛丝的黏附力非常强，可以使它们稳稳地吸附在上面。它们吐丝不是为了结网，而是为了像壁虎那样，能够在陡峭危险的地方爬行。

研究人员接着对它们的脚部进行了更为细致的研究，他们发现，狼蛛除了脚以外，没有任何部位接触过玻璃板；另一方面，他们通过显微镜观察了狼蛛的脚部组织，可以看到狼蛛的脚部绒毛中有很多细小的喷丝管，在喷丝管的顶端有喷丝孔，狼蛛如何使用它，至今还是一个未解之谜。

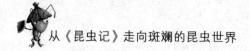
聪明的狼蛛

在地球上，至少有800多种狼蛛，它们是公认的原始而古老的一个物种。它们虽然原始，但是却有着非凡的智慧。东非有种狼蛛会跳非常复杂的求婚舞，雌性狼蛛若是对跳舞的这只雄性狼蛛很中意，便会跟它一起跳舞，舞蹈将持续3~10分钟，直到它们交配为止。

狼蛛的辨识能力也很出众。有科学家到巴西热带雨林，从当地的狼蛛窝里挖出一只狼蛛，然后将其放置到几十米远的地方，没想到这只狼蛛竟然不费吹灰之力就回到了自己的巢穴。也许，这是因为狼蛛有像狗一样敏感的嗅觉，能够靠嗅觉找到自己的巢穴。

狼蛛不仅有嗅觉的辨识能力，还有视觉的辨识能力。有的狼蛛可以分辨不同颜色的沙石。它们会将同类色系的沙石放在一起，不同类的放在别处。

其实，有感官辨识能力的动物很多，不过狼蛛与它们相比还有一种社会识别能力。美国纽约康奈尔大学节肢动物学家艾宁·赫拜特，曾做过这样一个实验：将一只前腿涂有棕色指甲油的雄狼蛛放在幼雌蛛中一起养，等到雌狼蛛长大后，再把它拿出去，然后将另外两只前腿分别涂黑色指甲油和棕色指甲油

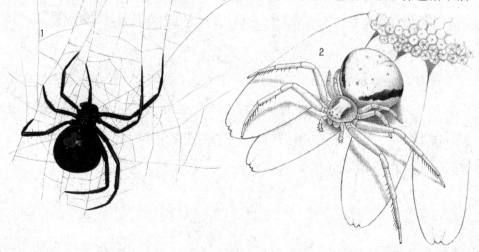

的陌生雄狼蛛放进去。结果他发现，尽管雌狼蛛从分没见过这两只新来的雄狼蛛，但是涂棕色指甲油的雄狼蛛比涂黑色指甲油的雄狼蛛要受欢迎得多。原因是它们对雄狼蛛前腿的颜色比较熟悉。由此可见，狼蛛的社会识别能力非同一般。随着科学研究的不断深入，我们对它们还会有更多的发现。

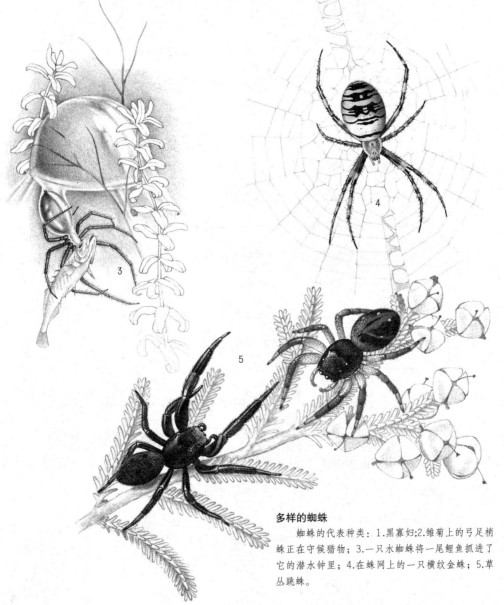

多样的蜘蛛

　　蜘蛛的代表种类：1.黑寡妇；2.雏菊上的弓足梢蛛正在守候猎物；3.一只水蜘蛛将一尾鲤鱼抓进了它的潜水钟里；4.在蛛网上的一只横纹金蛛；5.草丛跳蛛。

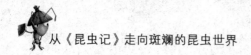
蟹 蛛

> 蟹蛛的身材看上去并不是很好，它像其他蜘蛛一样有三角形的躯干，身体下端左右两侧还各有一块乳突，就像驼峰一样。但是它的优雅不会因为肚子的臃肿而打折扣，因为它那绸缎一般的皮肤令人赏心悦目。即使是一个从来不曾像我一样醉心于昆虫世界的普通人，甚至是一个讨厌蜘蛛、畏惧蜘蛛的人，也不得不承认蟹蛛的优雅，令人敢于亲近。乳白色和柠檬黄是蟹蛛皮肤的两种主要颜色，还有一些蟹蛛的腿上遍布着玫瑰红色的条纹，看上去就像那些爱美的女士们佩戴在身上的饰品一样。除了装饰品，它们似乎还热衷于"文身"，那文在背上的胭脂红色的曲线和胸部两侧的淡绿色条纹都是那么精致。

有这么一则关于蜘蛛的谜语："南阳诸葛亮，稳坐中军帐。布下八卦阵，专捉飞来将。"在人们的印象里，蜘蛛就是靠织网捕食为生的。但是，有种名叫蟹蛛的蜘蛛却恰恰相反，它虽然能吐丝，却从来不织网。它的外形看起来像一个螃蟹，而且和螃蟹一样横着走路，难怪人们将crab（螃蟹）、spider（蜘蛛）这两个词合在一起，给它起了一个新名字crab spider——蟹蛛。

变色蜘蛛

在自然界里，有些动物能够伪装成其他生物或非生物，以诱骗猎物或躲避天敌，它们这种行为称之为"拟态"。蟹蛛是一个伪装高手，它们可以伪装出它们想要的体色，使其随着周围环境的改变而改变。当它们坐落在白菜花上的时候，就变成跟白菜花一样的黄色；当它们待在草丛中的时候，就变成与草丛一样的绿色，好似一只变色龙。它们虽不织网，但却像一张到处移动的网，掩藏在某个角落里随时捕捉猎物。

法国的一项科学实验表明，雌性蟹蛛在不同的花朵上可以成功地骗过昆虫和鸟儿的眼睛。雌性蟹蛛用自己变色的能力伪装自己，静静地等待昆虫的靠近，然后迅速将其捕获。这身变色武器不仅可以帮助它们捕获昆虫，还可以防御鸟儿。不同的动物对于不同波段的光线敏感程度不同。鸟儿对紫外线、蓝光、绿光和红光敏感，而昆虫只对紫外线、蓝光和绿光敏感。所以，为了获取食物，并不被鸟儿吃掉，蟹蛛的拟态能力需要对二者都有效才行。

蟹蛛的拟态能力有多强呢？法国的一个研究小组对其进行了研究。他们使用分光辐射度学的方法来检验蟹蛛伪装的有效程度，结果发现在粉红色的薄荷花、黄色或蓝绿色的千里光花上，对于上述两类不同的感光系统，蟹蛛与其背景的颜

这只常见的雌性弓足梢蛛正在伏击蝇，它身上的保护色给自己进行了完美的伪装。它蹲伏的身形是大多数蟹蛛科成员典型的姿势。

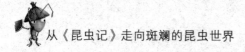

色反差都不大。据此，科学家们认为，蟹蛛的这种伪装拟态的能力对昆虫和鸟儿来说都是非常有效的。

小个头丈夫

　　蟹蛛的性别非常容易辨别，这是因为雌性蟹蛛是雄性蟹蛛身材的2到3倍。雄性蟹蛛的体色大多为褐色，颜色较暗，不像雌蟹蛛那样有很好的变色能力。正是因为这个原因，既不会织网又没有变色能力的雄蟹蛛很难捕捉到猎物。雄性蟹蛛进食很少，不像雌蟹蛛那样经常有进餐的机会，这也是它们体型偏小的原因。到了繁殖季节，性成熟的雄性蟹蛛一天中的大部分时间都花在寻找异性上，当它与雌蟹蛛相遇时，会表演一种特殊的舞蹈进行求爱，之后，雌蟹蛛就会允许雄蟹蛛爬到它的身上进行交配，等到交配完毕，雄蟹蛛会赶紧逃走，免得被雌蟹蛛吃掉。

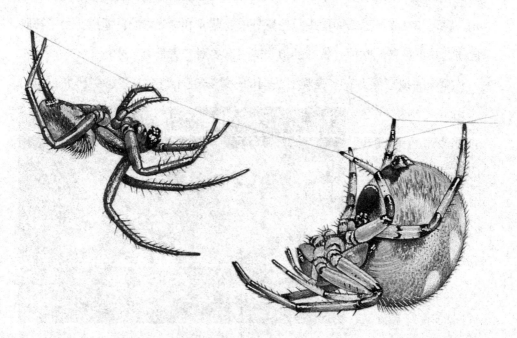

一对蜘蛛夫妇正在展示它们的求偶行为。

蟹蛛妈妈的爱

雌蟹蛛的确是一个冷面杀手，但你可能想象不出，它还是一个非常慈爱的母亲。它不用肚子里的丝来捕捉昆虫，而用它们来给自己的孩子筑巢。蟹蛛妈妈找到一根很高且被太阳晒得枯萎了的树枝，它轻轻摆动身体，将细丝左右缠起来拉向四周，织成了一个纯白的不透明的圆锥形袋子。袋子一部分露在外面，一部分被树叶遮蔽着，仿佛与枯叶融为一体。这小巧而隐蔽的袋子就是蟹蛛宝宝的安乐窝。在为孩子们做好窝以后，蟹蛛妈妈就将宝宝们生在窝中了。只要有其他昆虫接近，哪怕只有一点风吹草动，蟹蛛妈妈都会马上进入战斗状态，怒气冲冲地从巢里出来，张牙舞爪地驱赶那个不速之客。

与其他昆虫不同的是，蟹蛛妈妈在窝里产完卵后，会一直不吃不喝地守在卵宝宝身边，一直等到小蟹蛛从卵袋里爬出来的那一天。蟹蛛与其他蜘蛛不同，它们的卵袋外面还有一层树叶，小蟹蛛的力量太小，还不足以将树叶弄破。蟹蛛妈妈就是在等待合适的时机，当小蟹蛛在卵袋里发育得差不多了，妈妈就会拼尽最后的力气为孩子们在盖子上咬开一个洞，让发育成形的小蟹蛛顺利从卵袋里爬出去。

也许，当小蟹蛛们爬出来后，看到窝外那具干尸，并不会有太大的感触，因为它们忙着去感受这个新鲜的世界。而蟹蛛妈妈用自己的生命换来了小蟹蛛们新的生活，这份母爱实在坚贞而伟大！

水　蛛

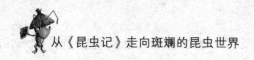

> 它能替自己做一只性能很好的潜水袋，里面贮藏着空
> 气。它在这里面等待猎物经过，同时也可以说是在避暑。
> 在太阳像大火炉一样的日子里，这地方的确是一个舒适凉
> 爽的避暑胜地。人类中也有人尝试用最硬的石块或大理石
> 在水下造房子。不知大家有没有听说过泰比利丝，他是罗
> 马的一个暴君，生前曾让人造了一座水下宫殿，供自己寻
> 欢作乐。不过到现在这个宫殿只给人们留下一点回忆和感
> 慨，而水蛛的水晶宫，却是永远灿烂辉煌的。

每一个动物种群中都会有一个特例，水蛛便是蜘蛛种群中的特例。在全世界4万多种蜘蛛中，只有水蛛这一种蜘蛛可以在水中生活。在我国，水蛛曾被发现过两次，一次是在1987年的内蒙古，当专家们看到在水中游来游去的水蛛时，真是大吃一惊；而另一次则是在20多年后的一天。

水中宫殿

为什么水蛛可以生活在水下呢？为了揭开这个谜团，科学家们将水蛛进行了解剖和观察。他们发现，水蛛的呼吸系统中有一个气管和两个书肺，而一般的蜘蛛体内只有一个书肺。水蛛这多出的一个书肺，对它们的水中生活可是起到了非常大的作用。别的蜘蛛只能在陆地上生活，水蛛却可以将自己的尾

部探出水面，用自己身上的毛发和气孔吸收空气中的氧气，然后在自己身体周围做成一个空气罩带入水中进行呼吸。等到它再回到水里的时候，这些储存在它身上的氧气便可以当成"氧气瓶"来使用了。水蛛身上罩满了气泡，在水中经过光线的折射，好像一个个小银泡，因此，人们给它起了个别称，叫"银蜘蛛"。

有了在水中生存的氧气瓶，水蛛就能在水中自由生活了。水蛛在水生植物之间吐丝结网，并在网内储满了空气泡，于是一个钟罩形的水中宫殿就形成了。水蛛就在这里安

一只水蛛将一条鱼抓进它的"水中宫殿"。

营扎寨，雌蛛还在其中产卵孵化。水蛛的这个气泡宫殿不仅是一个储氧器，同时还是一个制氧器，它能不断地从周围的水中吸取氧。当水蛛在呼吸过程中使气泡中的氧浓度下降到低于16%时，溶于水中的氧便会自行补充进来。当耗氧量过大，水中的氧补充不足，气泡内的氧被耗尽时，水蛛才不得不再次浮上水面，为储氧器充氧。在这个用气泡做成的"水中宫殿"中，水蛛们生儿育女，繁衍后代，过着幸福的水中生活。

罕见的水蛛

水蛛是一种非常罕见的蜘蛛，它在我国仅被发现过两次。第一次是在1987年的内蒙古，当时"捕蛛能手"刘凤想为了拍摄电影《中国蜘蛛》，到内蒙古寻找特殊的蜘蛛，在内蒙古的一片水域里，他发现了水蛛。看到水蛛在水中如鱼一般自由地游来游去，刘凤想感到很震惊。为了研究这种蜘蛛生存的秘密，

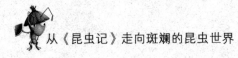

很多科学家都加入到了研究队列中来，可是任凭他们怎么寻找，20多年来，就是无法找到水蛛的足迹。直到2008年，刘凤想再次来到内蒙古，踏遍多个水域，终于在锡林郭勒盟野外的一片水池中找到了它。

水蛛之所以会消失这么久，与它们对生活环境的挑剔有很大关系。水蛛生存的水域，不仅水质要清澈见底，还必须要有一种"水绵"与之相伴。水绵是一种细如发丝、长达2~3米的绿色植物，这种植物是水蛛织网安家的重要工具。只有当这两种条件都符合的情况下，水蛛才有存在的可能。近年来，由于沙漠化和干燥的原因，水蛛的生存环境遭到了极大的破坏，如果想要这种稀有生物继续存活，人类必须重视环境保护。

你一定不知道的！！！

蜘蛛也有虚荣心

在这个世界上，不仅人有虚荣心，蜘蛛也有虚荣心。有种名叫"孔雀蜘蛛"的蜘蛛，便获得"最虚荣的蜘蛛"大奖。这种蜘蛛的外表很漂亮，就像开屏的孔雀一样，有着艳丽的色彩和条纹。当雄性孔雀蜘蛛想要博得雌性孔雀蜘蛛欢心的时候，它就爬到雌性孔雀蜘蛛面前卖弄身姿，一边左右摇摆身体，一边向对方展示自己那美丽的腹部，那姿态就像孔雀开屏一样。总之，雄性孔雀蜘蛛相信自己美丽的外表加上精彩的表演，一定能找到"女朋友"。

苍　蝇

> 绿蝇，大家熟知的双翅目昆虫。它的颜色很特别，而且光泽亮丽，和金匠花金龟、吉丁一样美丽。我常常感叹这么美丽的外衣却穿在了分解死尸的清洁工的身上，是那么的不相称。屡次来我作坊的三种绿蝇分别是又叶绿蝇、食尸绿蝇、居佩绿蝇。又叶和食尸绿蝇的颜色是金绿色，而居佩绿蝇的颜色是铜色。但是它们有一个共同点那就是它们眼睛的颜色都是红色，周边还有银边环绕。

也许是因为它们总是出现在垃圾箱、粪池、肮脏的臭水沟，只要是脏的地方，总会有它们的身影；也许是因为它们总是嗡嗡的飞来飞去，走到哪里都要停下来舔食一下，随时都有可能传播病菌……总之，很多原因都让我们讨厌苍蝇。

苍蝇的成长要经历四个阶段，即卵、幼虫（蛆）、蛹、成虫，每个阶段的形态都不同。它们喜欢在动物或人类的粪便上繁殖后代，有时也会在已经死去的动物身上产卵，死去的动物的血腥味和腐臭味吸引着它们。有些动物身上的纹理和毛发可以帮助它们的幼虫远离自然环境和天敌的破坏，是它们理想的产卵地带。

苍蝇的繁殖能力很强，一次交配就可以终生产卵。在自然界，每只雌蝇一生能产卵4~6批，每批间隔3~4天，每批产卵量约100粒，终生产卵量为

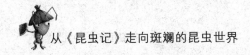

400~600粒。即便按最保守的算法，每只雌蝇生产200个后代，那么，只要经过10个世代，100只雌蝇便可繁殖2万亿亿只苍蝇。

苍蝇为什么搓脚

苍蝇飞飞停停，只要有地方可以休息，就停下搓搓脚。它们为什么要一直搓脚呢？

原来，苍蝇的味觉器官很奇特，它的味觉器官不是长在嘴里，而是长在它脚上的爪垫盘上。只要它飞到了食物上，就先用脚上的味觉器官去品一品食物的味道如何，然后再用嘴去吃。苍蝇的六只脚上，各有一个"爪"，在爪的基部有一个被一排绒毛遮住的爪垫盘。它的脚部绒毛尖处会分泌出一种液体，这种液体具有一定的黏附力。每逢苍蝇飞到不同的地方，就会用自己的爪子蘸取食物，以此来品尝食物的味道。当活动的地方多了，爪子上的食物也会随之增多，如果这些食物不清除，便会增加自己的体重，影响飞行。除此之外，沾了食物的爪子不利于苍蝇的行走，所以苍蝇总会不停地搓脚，而搓干净的脚还可以很好地保持味觉器官的灵敏性。

正是因为苍蝇的这种坏习惯，所以它们总是传播很多病菌。它们在粪便、污水、腐烂的动物身上停留过，然后又飞到食物上去，把病菌留在食物上面，并且一边吃食物一边排粪。它们的粪便里有活着的病菌、寄生虫卵等等，假如人们吃了这样的食物，很容易感染上疾病，危害身体健康，甚至危及生命。

可怕的用餐方式

苍蝇的头部外形很有特点，一对圆圆的复眼就占据大半，前面还有一对短小的触角，触角的下方就是它的舐吸式口器，能伸能缩。苍蝇没有牙齿，只

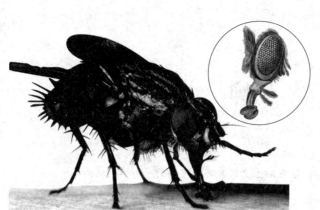

能食用液体食物，它们的呕吐液体含有唾液、酶和消化液，可以把固体食物变成液体。苍蝇是种食腐性动物，它们会以任何类型的腐烂肉体为食，或者是粪便、腐烂水果和其他昆虫尸体，它们会用海绵状的

蝇的嘴巴属于舐吸式口器，当遇到液体时，它可以直接用嘴吸；而遇到固体食物时，它则用嘴去"舐"，把固体食物溶解在自己的唾液里，然后再吸食到肚子里。

嘴部和特殊的管状口腔结构啜吸食物。

苍蝇的进食方式与众不同，它采用的是"体外消化"的方法。在进食时，苍蝇先把呕吐液体吐在食物上，待食物溶解并转化成营养物质后，再伸出吸管饱吸一顿。同时，苍蝇几分钟就要排便一次。因此，它的吃饭方法是：一边吐，一边吃，一边拉，"吐、吃、拉一条龙"。苍蝇消化道的工作效率很高，当食物进入消化道后可以立即进行处理，在7~11秒内就能将营养物质全部吸收完毕。

蝉

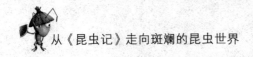

> 整个夏天，蝉都在树上高声歌唱，当看到小蚂蚁们成群结队地往洞里搬运食物的时候，它觉得这一切很可笑，还问蚂蚁："现在正值夏季，有这么多可口的食物，为什么要这么着急储藏食物呢？而且现在天气这么炎热，在这种天气里劳作是一件多么痛苦的事啊！"蚂蚁很诚恳地告诉蝉："夏天很快就会过去了，秋天到了的时候，就没有这么多的食物供我们储藏了，如果是这样，那么到了冬天，我们会饿死的。"但是蝉听了这些却不以为然，甚至还觉得蚂蚁的担心是多余的，于是继续在树上高声歌唱。很快夏天过去了，万物萧瑟的秋天到来了，蝉每天忙着找吃的都没有办法填饱自己肚子，更不要说储备食物了。到了冬天，蝉忍冻挨饿，终于有一天，它受不了了，来到了蚂蚁家，祈求蚂蚁施舍给它一点食物，可是蚂蚁却说："过去在我们辛勤劳动的时候你在唱歌，现在你可以去跳舞呀！"

　　炎炎夏日，马路两侧的树上总能听到"吱吱"的虫鸣声。很多人小时候只要听到这种虫鸣声就会非常激动，总是想看看那上面到底是什么样的虫子。有时，人们会在树上看到它褪去的壳，那是棕色的壳，放在阳光下很通透，每一条纹路看起来都很清晰，透过壳仿佛可以看到主人的样子。蝉终日趴在树上

蝉和蚂蚁

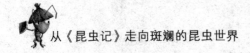

歌唱，运气好的时候可以在比较低的树干上抓到它们，这个时候我们就可以看清它们的庐山真面目了。它们和我们的鼻子一般大，成熟的蝉身体呈黑色，有两对膜翅，大眼睛很突出。

漫长的地下生活

整整一个夏天，我们都可以听到蝉的鸣叫声。以前有寓言说，它们是懒惰的、爱炫耀的、自以为是的家伙，可是这些哲学家和文学家们或许不知道，蝉为了这几个星期的歌唱，要在地底下埋藏好几年，甚至十几年。它们在地下见不到一丝阳光，整日与黑暗做伴，在历经多年黑暗生活后，才能破土而出，来到向往已久的世界。

外面的世界如此美好，阳光普照。在黑暗的地下生活了这么久的蝉，终于见到了向往已久的太阳，终于感受到了阳光的温暖。它们想鸣唱，于是压抑已久的歌声终于爆发……如果你知道了蝉历经艰辛的成长过程，那么你就会知道它们的歌唱有多么珍贵。

让我们先从蝉的爸爸妈妈说起吧。蝉爸爸用动听的歌声吸引蝉妈妈，它们交配后，蝉妈妈就用她那像剑一样的产卵管在干树枝上刺成一排小孔，把卵产在小孔里，每次约三四百个。经过一个漫长的冬天后，第二年夏天蝉卵就孵出幼虫。幼虫很小，像条小鱼。

幼虫一开始待在树干里，随后它们开始蜕皮，蜕下的皮形成一条有黏性的长丝，它们就顺着这根长丝慢慢落到地面。这样，幼虫便离开了自己第一个家，它们来到土地这个新的世界，寻找柔软的土壤往下钻，一直钻到树根边，这样做是因为在地下它们要靠吸食树根的液汁来过日子。在地下的生活要延续很长时间，少则两三年，多则十几年。日复一日，幼虫们在地下过着它们的幼年生活。

蝉慢慢地爬出洞。

"我们什么时候才能上去呢？"

"我不知道，妈妈说我们要足够强壮才能从这里爬出去。"

"那我们什么时候才能足够强壮呢？"

"等我们吸完足够的树汁，长得足够大的时候。"

这些幼虫们待在它们的蛹壳里扭动着身子小声议论着。哦，对了，这个时候的它们，已经不是以前那个"小鱼"的样子了，它们已经变成蛹了。这样过了一年、两年、三年……每日吸食树汁，它们渐渐长大，历经5次蜕皮之苦，终于有一天，它们破蛹而出，一点一点刨土，走出地下的家，来到外面的世界。不见天日的生活终于过去了！它们找到离自己最近的那棵树，爬了上去。

它们刚出来的时候，翅膀是嫩绿色的，当背上出现一条黑色的裂缝时，蜕皮的过程就开始了。蝉蛹垂直面对树身，前腿呈钩状，将蛹的外壳作为基础，慢慢地自行解脱，就像从一副盔甲中爬出来，整个过程需要一个小时左右。蜕掉壳的蝉，翅膀由绿色变成了黑色。

在历经一次次蜕变之后，蝉终于长大了，成为一只成蝉。

响亮的求爱歌

与蝗虫、蟋蟀不同，蝉有着另外一种发声机制。蝉有属于自己的专门的发声器，这个发声器是由外表皮内一对很薄的薄膜，即鼓室构成的，这一结构

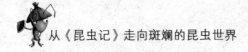
位于腹部第一节的两侧。有一条支撑杆连接着鼓室和收缩肌肉，肌肉收缩则鼓室膨胀，肌肉放松则鼓室恢复原型。通过连接的支撑杆，每一次运动都形成一次脉冲或者滴答声，蝉的歌声就是在这一连串的脉冲中形成的。而身体里的空气囊，则将腹部的这种声音放大。

蝉的叫声通常非常响亮，在热带森林中，人的耳朵在1000米外都能听见它们的叫声。但只有雄蝉能发声，它们用声音来吸引同种类的雌蝉。

虽然几个世纪前人们就已经知道了蝉利用空气来发出声音，但叶蝉和蜡蝉能通过发出的声音进行交流，则是人们在50年前才发现的。这两种蝉成年的雄性（也包括很多雌性），它们产生的低强度声音能通过它们寄宿的植物传出去。有一些种类，雌性通过发出一系列简单的脉冲来吸引雄性，在交尾前，雄性会唱一曲更复杂的"求爱歌"。

你一定不知道的！！！

蝉声可以震聋人

在蝉的世界里，声音最响亮的莫过于非洲蝉。科学表明，人在听到90分贝的声音时，就会使神经细胞受到伤害，而这种蝉的声音可以达到110分贝，近距离听的话，1分钟便可让你变成聋人。正是这个原因，它们也成为人们最为厌烦的昆虫。更令人不能接受的是，它们还常常喜欢合唱，只要它们在一起，便会发生震耳欲聋的噪音，令人困扰不堪。

胭脂虫

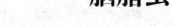

　　我们会在栎树上看见，这儿几个、那儿几个地生着一些乌黑油亮的小球球，大小就和豌豆差不多。那就是胭脂虫，一种极其奇特的昆虫。这东西，它是种动物？不知道怎么回事的人，万万想不到会是这样，他以为那小球球是浆果，或者是醋栗的黑粟子。如果把小球放进嘴里，用牙一咬，它会裂开，有种微苦中带甜的味道，结果更会让人产生上述错觉。

　　这挺可口的果实，据说是动物，是一种昆虫。那我们得好好看看，用放大镜仔细观察观察。你拿起放大镜，仔细寻找虫头、虫腹和虫爪。找来找去，绝对没有头，也绝对没有腹肚和足爪；整个小球儿倒像一种用煤玉加工出来的规格一致的珠子。上面是否有昆虫特有的体节？一点儿也没有。这珠子表面像细磨过的象牙一样光滑。它是不是在微微颤动，是不是能看到它有活动能力？纹丝不动。宝石也没有固定得这么好的。

　　最近，美国有一家咖啡馆使用一种用"胭脂虫"碾碎后制成的红色染色剂，这种染色剂有可能导致哮喘病人身体产生不适。目前，已有6500名顾客联名抗议，他们发出"谁会愿意喝碾碎的虫子？"的抗议口号。而这家咖啡馆表

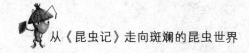

示，这种用"胭脂虫"做成的染色剂是安全的，并且也通过国际指标的认证，并非违法行为。

将虫子碾碎做成染料，这听起来确实让人毛骨悚然，难怪会有这么多人联名抗议。那么，这种让大家产生恐惧的虫子到底是种什么昆虫？为什么要用它们来做染料呢？让我们从头开始讲起吧⋯⋯

染色剂元老

在文艺复兴时期的欧洲，工业与制造业还并不发达，染色业力量也很薄弱，能够拥有一件色彩靓丽的衣服便成了一种奢侈。在那个时代，只有国王、主教等地位尊贵的人，才穿得上诸如红色这般颜色鲜艳的衣服。由于染料稀缺，使得有色衣服的价格变得非常昂贵。在有关亨利六世的记载中写到，每尺红布的价格相当于一个泥瓦匠一个月的工钱。在那时，茜草是当时非常受欢迎的红色染料，但是要想从这种草中提炼出精美的红色，难度较大，需要一定的运气和经验。茜草的使用远远不能满足人们的需求，于是染工们便把目光转向橡木胭脂、圣约翰的血、亚美尼亚红，这三者都来自与紫胶有关的寄生虫，但是它们资源稀缺，价格昂贵。这三种来自东方的染料曾垄断了整个香料市场。带着对鲜艳染料的强烈渴求，全欧洲的染工都曾仿制过这些染料，但全部以失败告终。但在16世纪初，随着哥伦布发现美洲新大陆，西班牙殖民者在美洲新大陆发现了一种新的红色染料：胭脂虫红。它鲜艳得让每一种颜料都相形见绌。

胭脂虫是一种生活在仙人掌上的介壳科寄生虫，虽然不易养殖，但是经过处理后，它的红色可以持续数个世纪。这种新型染色剂的发现，让越来越多的西班牙商人涌入墨西哥，做起"胭脂虫"的交易。胭脂虫是一种几乎可以称得上完美的染料，除了鲜红色和深红色，它还可以制作出柔和的粉色和玫瑰色。胭脂虫的市场逐渐被打开，越来越多的人开始使用胭脂虫所做出来的染料。除了染色业，胭脂虫还进入了欧洲的梳妆台和绘具箱。这种神奇的染料，席卷了整个欧洲，更带动了全球贸易。

能否食用

胭脂虫的出现给胭脂虫商人们带来了巨大的经济利益，但是自从英国人威廉·伯钦在煤焦油的实验中发现了"伯钦苯胺紫"这种物质后，这种利益的平衡就被打破了。他利用苯胺紫这种化学物质，发明出了"品红"这种新染料。随后，更多的化学染料被开发出来，胭脂虫逐渐被取代。

化学物质虽然可以取代胭脂虫完成染色，但是很多化学制品里面都含有致癌物，所以人们又开始使用它们。很多食品，诸如糖果、水果汁、果酱，以及化妆品中的口红、眼影等都有它们的身影。

反对食物中使用胭脂虫的抗议者们认为，将胭脂虫这种虫子的尸体磨碎做成的食品不干净，容易使哮喘者出现过敏症状。那么"胭脂虫食品"到底安不安全呢？其实，这种胭脂虫的使用已有几百年的历史，是唯一一种FDA（美国食品药物管理署）允许可用于食品、药品和化妆品的天然色素。虽然会使极少数人产生过敏症状，但是相比花生、蚕豆等过敏，胭脂虫真的不算什么。

 你一定不知道的！！！

植物身上的寄生虫

胭脂虫其实就是介壳虫的一种，只不过与其他介壳虫相比，它们能够产生鲜艳的红色素。介壳虫是一种寄生在花卉和果树身上的害虫，像虱子吸食人类血液一样，它们靠吸食所寄生的植物汁液为生。介壳虫将它们刺吸式的口器终生插入植物组织内取食，不仅大量掠夺植物的汁液，破坏植物的组织，导致植物褪色、死亡，而且还分泌一种会使植物得病的病毒，很多植物因此而变得霉斑点点，甚是丑陋。

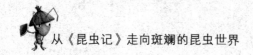

松毛虫

有一个老故事，说的是有一只羊，被人从船上扔到了海里，于是其余的羊也就跟着跳下海去。"因为羊有一种天性，那就是它们永远都要跟着头一只羊，不管走到哪里。就因为这，亚里士多德曾批评羊是世界上最愚蠢、最可笑的动物。"那个讲故事的人这样说。

松毛虫也具有这种天性，而且比羊还要强烈。第一只到什么地方去，其余的都会跟着去，排成一条整齐的队伍。它们总是排成单行，后一只的须触到前一只的尾。为首的那只，无论它怎样打转和歪歪斜斜地走，后面的都会照它的样子做，无一例外。第一只松毛虫一面走一面吐出一根丝，第二只松毛虫踏着第一只松毛虫吐出的丝前进，同时自己也吐出一条丝加在第一条丝上，后面的松毛虫都依次效仿，所以当队伍走完后，就有一条很宽的丝带在太阳下放着耀眼的光彩。这是一种很奢侈的筑路方法，我们人类筑路的时候，用碎石铺在路上，然后用极重的蒸汽滚筒将它们压平，又粗又硬但非常简便。而松毛虫，却用柔软的缎子来筑路，又软又滑但花费也大。

2007年夏天，在比利时发生了一场大规模的刺激性皮炎，被感染者因皮肤

各种松毛虫

瘙痒、咽喉和眼睛肿痛而被搅得寝食难安。而在那年夏天，类似的流行病又在英国伦敦爆发，感染者不断咳嗽、抓痒。

经调查，导致这类流行病的罪魁祸首竟然是一种小毛毛虫——松毛虫。它们将大量有毒的、细而尖的毫毛散布在空中，如果毫毛刺入人体皮肤，便会使人产生皮肤瘙痒红肿的症状，而有些敏感的人甚至还会产生严重过敏反应，甚至死亡。奇怪的是，在松毛虫的受害者中，很多人没有接触过它们，但也受到感染并且致病，这是为什么呢？原来，松毛虫生活在一个庞大的家族中，这个家族由上百条甚至更多松毛虫组成，其"虫口"密度极高。而这些从松毛虫身上掉下的、小得几乎用肉眼看不见的毫毛，可以在1.6平方千米的范围内随风飘荡，有时甚至达到相当大的密度。

松毛虫转圈之谜

法布尔曾对松毛虫进行过这样一个实验：假如让松毛虫在行进时以一种

头尾相接的方式相互接触，可以形成长达6米的蛇形队列。之后，他又将队列加以引导，让它们首尾相接围着花盆转。他惊讶地发现，这队毛虫锲而不舍地转了整整7天，直至最终因力竭而纷纷掉落，才从这个"死循环"中解脱了出来。松毛虫为什么要这样傻傻地转起来呢？

为了解开法布尔的"毛虫转圈之谜"，菲茨杰拉德又做了这样一个实验：他将一队松毛虫引到桌面上，然后利用一个圆形屏障，使松毛虫形成首尾相接的圆圈。半小时后，他将圆形屏障撤除，好让松毛虫不再受限制地自由活动，其结果却与法布尔的实验结果略有差别，这些松毛虫只继续转了一小会儿（在菲茨杰拉德的多次实验中，平均只有两分钟），然后就开始沿直线前进了。

那么，松毛虫是受什么因素的影响而一直在花盆边沿转圈呢？一次，菲茨杰拉德在攀登古代巴比伦式宝塔"库库尔坎神庙"的91节台阶时，终于体会到了其中的奥妙。他发现，向上攀登石阶比较容易，而下石阶则会让人感到害怕。松毛虫们便是处在这种心理困境中，前进比后退要容易得多，所以它们宁愿保守地在相对安全的盆沿处转圈，也不愿向下滑入陡峭而光滑的花盆侧面。

列队毛虫的危害

除了松毛虫，世界上还有几十种常见的列队毛虫。非洲西部的人们，世代以一种名叫阿纳菲的毛虫为食，他们把这种毛虫在火上烤焦后食用。这种烤毛虫少吃几个没有关系，但是经常食用就会引发诸如说话困难、意识模糊、行走蹒跚以及浑身颤抖等严重的中毒症状。

科学研究发现，列队毛虫体内有一种叫硫化酶的物质，它会破坏人体内的维生素B1，引起维生素缺乏症。这种维生素的缺乏会导致人们产生季节性失调等疾病。另外，在南美有一种洛诺米亚毛虫，它的毒素更是可怕。巴西有一位原本身体健康的老人，他在穿拖鞋的时候突然昏倒，原来在他的拖鞋里藏着一只洛诺米亚毛虫。老人被毛虫毫毛蜇刺后，左脚很快发炎感染，随后毒素侵入大脑，7日后老人就身亡了。现在，地球上的森林被人们开发过度，森林面积越来越少，由此而导致的后果便是毛虫的天敌也越来越少，这样人们被毛虫侵扰的可能性也越来越大。2005年，特立尼达岛因一种列队毛虫的雌蛾危害而不得不关闭沿海石油钻塔。灯光吸引蛾子成群的飞来，到处乱舞。它们的毫毛飘散在空气中，落到人的皮肤上，给人们带来各种疾病。有时，一些宠物因好奇而去骚扰毛虫队列，结果导致舌头溃烂。为了挽救它们的生命，兽医不得不将溃烂的部分舌头切除掉。目前，研究人员已经开发出一种抵抗洛诺米亚毛虫毒素的免疫血清，及时注射可挽救受害者的生命。

吃苍蝇的毛毛虫

毛毛虫没有利爪也没有牙齿，只能通过自己高超的伪装来躲避鸟儿的侵袭，它们靠啃食树枝草叶为生。不过，在夏威夷却有这样一种食肉毛虫，以蜘蛛、苍蝇等昆虫为食，它背上细小的绒毛和神经细胞可以敏锐地感觉到猎物的来临，并迅速做出反应，即便是比它个头大的昆虫，也逃不出它的"魔爪"。

还有一种毛虫更为凶猛，它的背部长着一种模仿苍蝇的黑色素，靠近头部的地方有六条腿，每条腿上都长着如针尖般的尖刺。平时，它们纹丝不动地趴在树枝上，遇到猎物便猛然袭击，用它腿上的利刺刺入猎物身体。据说，这种毛虫的袭击速度比眼镜蛇的速度还要快5倍！

精彩瞬间

毛毛虫

毛毛虫的防御术

对于毛毛虫这种行动缓慢又味美多汁的虫子来说，如果没有很好的招数防御敌人，便会成为敌人的盘中之餐。虽然它们不像黄蜂那样有专门的"防御武器"，但是它们也有着自己独特的保护措施。

火辣辣的毒刺

有的毛虫身上的毛刺可以蜇人，假若不慎接触到它们的身体，便会产生刺痛感、起泡等反应，有时甚至还会引起更为严重的后果。生长在南美洲的玉米尺蚕蛾的毛虫便是其中的一种，它的体节处长着很长且多分叉的刚毛，刚毛的管腔内充盈着从体内分泌出的毒素。有了这身盔甲，敌人们便不敢轻举妄动了。这身盔甲不仅仅保护着它们的安全，还使它们身上的寄生螟蛾小毛虫也倍感安全，它们在那里大胆地织网，并以寄主身上的覆盖物为食，一直住到它们化蛹为止。

美洲的法兰绒蛾的毛虫在当地也被称为"火焰之虫"！它们虽然表面上看起来很温柔，但实际上，它们柔软如绸的细毛下面覆盖着尖锐的短刚毛，刚毛的腔室充满毒物。一旦刚毛刺破人的皮肤，毒素进入血液，将引发人们火燎般的剧痛，并让伤口呈现出特有的鲜红斑点。伤者会产生剧烈的头疼、恶心和呕吐等症状，严重的甚至还可能引发呼吸道水肿，直至死亡。这种毛虫刚从卵里孵化出来时就已经长有有毒的细毛了，在化蛹之前体长可达2.5厘米。用"绵里藏针"来形容这些毛茸茸的家伙，真是再合适

图中是许多将亮红的色彩和一排具保护性的刺，以及纤毛相结合的毛虫，如果被它们刺到的话，会造成被刺者长时间的疼痛。为了增添一层保护，这种毛虫常常聚在一起生活。

不过了。

做盔甲保护自己

"结草虫"会做一个让幼虫住的壳，壳用丝做成，幼虫会把它粘到沙砾、小树枝或叶子上去。有些体型较大的毛虫种类，如非洲的蛾的毛虫，做的壳非常坚硬，你很难把它撕开，脆弱的幼虫能在里面得到很好的保护。巢蛾科的很多种毛虫用自己吐出的丝织成又大又厚的网，然后大家一起躲在里面。

世界上约有11000种灯蛾，从热带到寒冷的北极都有它们的踪迹。西非有种灯蛾毛虫，它身披毛茸茸、高贵的五彩短大衣，腹部肥粗，行动非常缓慢。它这身外装与它"寒带蛾"这个名称很是般配。寒带蛾浑身长满浓密的角质毛，帮它来抵御重重危机：每逢危急关头，它便将身体翻个个，蜷缩成圆环状，把自己柔软的腹部掩盖起来。它用角质毛划破敌人的口腔黏膜，扎入它们的呼吸道。化蛹时，它便将角质毛织成密集结实的保护茧。

伪装成你害怕的

在昆虫界，伪装是一种很普遍的防御手段，而毛虫更是其中的伪

受到惊扰的时候，许多天蛾的毛虫（天蛾科）会露出显眼的眼状花纹，并开始左右摆动"头部"。这种演示使它看起来很像一条蛇，大概用来恐吓并阻止那些稍小的且比较胆小的捕食者。

装高手。尺蛾总科的毛虫们有着非比寻常的伪装法，它们当中有很多长得与植物枝干惊人的相似，只要它们用身体抱紧植物枝干并使身体保持静止，便完美地伪装成了一根小枝。

生活在美洲热带森林中的一种南美天蚕蛾是伟大的伪装师，它具有非凡的模拟本领，假如它肥大的绿色身躯被惊动，它身体的前节就会鼓起来，如蛇首一般。除此以外，这种毛虫的上半身还会露出眼状花纹，如一双淡蓝色的"眼睛"。这种毛虫为了吓走敌人，会威胁性地将上身来回晃

动，以增强威吓效果，让掠食者害怕，不敢轻举妄动。毛虫这么做似乎还怀着一种报复的心理，因为它刚从卵中破壳而出时，为了躲避鸟类这个死对头，曾经不得已把自己藏在鸟粪堆里。

毛毛虫的社会

毛虫也称毛毛虫，主要为蝴蝶和蛾子的幼虫。毛虫妈妈们每次产卵可达数百枚，这些小幼虫从卵中孵出后，大多数在整个幼虫阶段都会聚在一起，形成一个群体生活的毛虫社会。科学研究表明，聚集在一起的毛虫"兄弟姐妹"，在觅食、抵御敌人，以及筑巢搭窝等方面，都体现出社会性昆虫的活动方式。

大家一起找吃的

毛虫的觅食方式很独特，有的毛虫只在自己身边的一个小区域里觅食。如果是在一棵大树上，它们便只在一根树枝上的部分树叶、整根树枝或者附近的几根树枝上活动；如果是一棵较小的树或一株草本植物，则整棵树或整株草都在它们的活动范围内。有的毛虫的觅食方式则像一个"游牧民族"，它们只在栖息地作短暂停留，经常在枝叶中窜来窜去。而建立永久性的或者半永久性的栖息巢窝的毛虫，则从窝里出发到远处寻找食物，然后回到巢窝里休息。

毛虫在觅食过程中会补充新成员一起活动，它们会在觅食的过程中分泌一种叫作信息素的化学物质，以此来吸引同类，扩充觅食队伍。组成一个大的群体，更有利于寻找食物，它们这种合作性的社会性行为与蚂蚁很相似。

聚在一起不害怕

毛虫群体的这种社会性行为，对于它们集体抵御外界的攻击是非常有利的。假如出现敌人，它们周围的同伴会相互保护对方，而毛虫身上产生生物毒素的毫毛则是它们最有效的防御武器。

有些毛虫身上有很鲜艳的警戒色，它们聚集在一起，身体剧烈动作，再集体释放有毒或难闻的化学物质。这种集体力量的警戒力度足以使鸟儿们避而远之。有研究表明，毛虫群体可通过触觉和视觉感知周边危险，比如，它们可以觉察到黄蜂飞行时带起的风力，并迅速移动，离开"事发现场"。首先感受到危险的毛虫会剧烈动作，以此向其他毛虫发出警示危险的信号，这种信号在毛虫群体中会迅速传播开来，使毛虫们得到保护。

一起建造家园

毛虫是修建巢窝的能手。毛虫用植物的茎叶搭窝，之后再在窝的外面吐丝结网。与其他非群居昆虫相比，毛虫能用一些简单的材料建成相对来说比较复杂的巢窝，并且它们以集体力量建造起来的巢窝具有多种功能。

毛虫喜阳，并靠此来调节体温。它们用集体的力量建造出宽敞的巢窝，宽敞到足以让它们一起晒太阳，充分享受阳光给它们带来的温暖。毛虫的窝还有保温的作用。巢窝外层细密的丝网就像它们的家门，阻止冷气流入它们的巢窝，在这个温暖的窝里，它们快乐成长着。它们相互偎依在一起，就像企鹅群居在一起那样相互取暖。即便是在没有阳光照射的时候，群居毛虫的体温也会比外界高出好几度。

毛虫群体建立起来的巢窝可以更有效地抵御那些想要捕食他们的群体。它们巢窝的丝网外层非常坚固，即便是鸟类和无脊椎动物捕食者也无法进入。毛虫通常只在夜幕降临，鸟类和黄蜂都不活动时，才从巢窝里出来，这样便更好地保护了自己的安全。

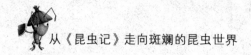
蚜 虫

到了九月的末尾几天，有角的瘿就被蚜虫挤得满满登登的。由于空间并不够宽敞，所以蚜虫会根据探测器的长度来进行排列组合，它们会一层一层地排列起来：粗大的蚜虫待在最上面，中等的蚜虫排在第二行，而小蚜虫则排在中等蚜虫的爪子之间。这样的排列组合方式非常适用，假如蚜虫们是一只紧挨着一只插进吸盘地组成一层，那么这个瘿根本不够它们用。排列好的蚜虫全部都安静地待着，它们保持静止不动，用嘴巴喝着水。蚜虫们喝水的时候也是很有秩序地轮流着。吵闹的蚜虫们在上面等候，它们各自寻找着自己的位置，场面热闹，而下面的蚜虫则会下降。蚜虫们就是通过这种持续的轮流方式来饮水，保证每只小蚜虫都有水喝。

蚜虫是种奇特的小虫子，它们的繁殖能力极强，并且可以无性繁殖；而它们身上产生的"蜜汁"，又是蚂蚁的最爱。它们这群小虫子密密麻麻地挤成一群，靠啃食植物为生。虽然它们把自己描述成是"一支了不起的队伍"，但实际上，它们却是世界上最具破坏性的害虫之一。

小蚜虫的女儿国

蚜虫真是种奇妙的小虫子。它们当中大部分都是雌性蚜虫，雌雄比例极不平衡，不过，即使这样，但只要它们想生育后代，可比谁都厉害。这是因为蚜虫的生殖与其他昆虫不一样。在秋天以前，它们可以进行无性生殖，只要有一只雌性蚜虫，便可以生出大量的小蚜虫。小蚜虫出生后，大小与它们的妈妈基本一样，而蚜虫妈妈则可以在一个夏天繁衍出很多代小蚜虫。

而到了秋天，蚜虫便开始进行有性生殖和卵生。蚜虫妈妈和蚜虫爸爸交配后，蚜虫妈妈就开始产卵，这些卵在度过冬天后，便会孵化出带翅膀或不带翅膀的新一代蚜虫。蚜虫的这种生殖特性以及它们能够在短时间内繁殖大量幼虫的能力，使得它们成为一个非常庞大的群体。

蚂蚁的"御用奶牛"

蚂蚁与蚜虫之间有种很特别的关系，部分种类的蚂蚁能够"蓄养"蚜虫并保护它们，而作为回报，蚜虫会把身上的"蜜汁"作为食物送给蚂蚁。

一些蓄养蚜虫的蚂蚁会采集蚜虫的卵并储存在巢内，以度过寒冷的冬

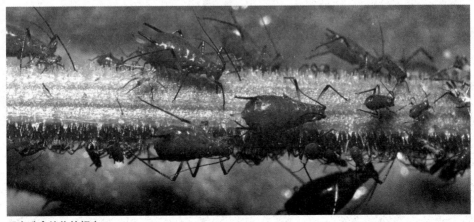

正在啃食植物的蚜虫

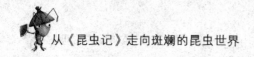
你一定不知道的 **!!!**

天生的太阳能染色器

近期，法国科学家Alain Robichon在该国的《科学报道》上公布了一项新的研究成果。他指出，蚜虫除了可以进行无性繁殖外，还能够捕获阳光，将太阳的热量转化成自己需要的能量。不仅如此，它们还能够按照自己的需求来使用这些能量。那么，它们是如何获得能量的呢？原来，在蚜虫的身体里，有一种合成色素——类胡萝卜素，这种合成色素能够吸收阳光并进行光合作用，经过在体内的运作，最终转化为自己所需要的能量。

季。到了春天，这些蚂蚁又会将新孵化出的蚜虫搬运到植物上。还有一些种类的蚂蚁，如黄墩蚁，甚至能够在自己的巢穴中，用植物的根作为饲料来"蓄养"大量的蚜虫。当这类蚂蚁要建立一个新的巢穴时，它们的蚁后会携带一个蚜虫的卵，到新的地下巢穴重新蓄养起蚜虫。蚂蚁们通过赶跑蚜虫的天敌来保护自己所养的蚜虫。

蚜虫用带吸嘴的小口针刺穿植物的表层皮，吸取养分。每隔一两分钟，这些蚜虫会翘起腹部，分泌含有糖分的蜜露。这时，工蚁赶来，用大颚把蜜露刮下，吞到嘴里，就像奶牛场的挤奶作业。蚂蚁为蚜虫提供保护，赶走天敌；蚜虫也给蚂蚁提供蜜露，它们二者互惠互利，所以有时候这些蚜虫也被称为"蚂蚁奶牛"。

泥　蜂

现在一只嗡嗡叫着的飞蝗泥蜂回来了，停在离村落差不多一沟之隔的灌木丛上，大颚咬着一只胖乎乎的蟋蟀，累得筋疲力尽——那只蟋蟀看上去足有它几倍重。它休息了一会儿，用腿夹住猎物，用力一跃，跃过家门前的沟壑，沉重地落在了村落里。接下来，它跨在俘虏的身上，咬住俘虏的触角，昂首阔步地前进，仿佛无比自豪。虽然我坐在那里，但骄傲的狩猎者却一点儿都不害怕。余下的路程基本上是步行，如果地面平整，运输起来自然没有什么难度，但是如果这条路上草禾盘根错节，它就会不小心被某一根草根绊住。那是多么有趣的场景啊！当发现自己有劲也使不出的时候，它仿佛惊呆了，前走走，后退退，绞尽脑汁想办法，最后才依靠着翅膀的力量前行，或者巧妙地绕开障碍，最终克服了困难，把蟋蟀拖到目的地——蜂巢。

泥蜂，顾名思义，是用泥土做窝的蜂类。别看它们用泥土做窝，可它们搭建出来的蜂窝质量是非常好的。它们会观察哪里适合做窝，然后准备好泥浆建窝。它们的窝很特别，每个都是好几层的"大套房"。泥蜂妈妈会在每一层房间都生一个宝宝，然后在每个房间都为宝宝放一些虫子。当宝宝与食物都安

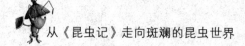
放好以后，便将这个窝封起来，好让宝宝们在里面慢慢成长。

泥蜂的种类很多，世界上已知的就有9000多种。它们所属的种类不同，所以很自然的也有着不同的巢。比如说在土中筑巢的是沙泥蜂属；用唾液与泥土混合做成水泥状坚硬的巢的是壁泥蜂

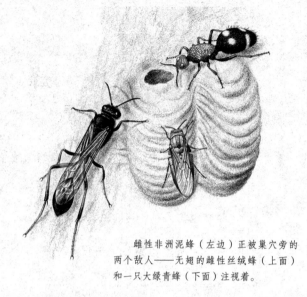

雌性非洲泥蜂（左边）正被巢穴旁的两个敌人——无翅的雌性丝绒蜂（上面）和一只大绿青蜂（下面）注视着。

属；还有充分利用其他昆虫旧巢的是短柄泥蜂属等等。

独居的蜂

泥蜂不像蜜蜂有一个分工明确的庞大王国，泥蜂的社会性发展比较弱，大多数是一只蜂自己生活，少数种类会过类似群居的共同生活，即若干雌蜂共用一个巢口和通道。但是每只雌蜂都会有自己单独的巢室，极少种类也会出现"子女留下帮助妈妈照顾弟弟妹妹"的情况。

每年的9月，是泥蜂最忙碌的时候，它们要开始为后代寻找食物。它们会把巢穴建在周围有泥土的地方，除了自己的房间外，还要给泥蜂宝宝单独建窝。泥蜂妈妈一共需要建10个洞穴，每个洞穴里建三个蜂房，建完后，它再在每一个蜂房里产下一个卵。建完窝之后，泥蜂妈妈就出去打猎，然后将猎物与卵放在一起，作为宝宝们成长中的营养食材。

飞蝗泥蜂铸造蜂窝的时间非常短暂，每个蜂窝都只用两三天的时间，因为它们要在9月结束前将所有的窝筑好，以使每一个孩子都有地方住。在这样

短的时间里，勤劳的飞蝗泥蜂必须要分秒必争地准备好几十只蟋蟀，放进每一个宝宝的窝中，这对一只蜂来说，是一项多么繁重的劳动啊！

飞蝗泥蜂的刺杀

众所周知，蜜蜂若是用它身上的刺刺伤敌人的话，在它飞走时，它的刺便会连着身体里的内脏一起拖出来，所以蜜蜂蜇完人后都会死。但是，飞蝗泥蜂却并非如此。

飞蝗泥蜂在捕猎的时候，会使用自己的刺刺杀敌人。假如它遇到自己最爱的猎物——蟋蟀时，便会立即猛扑过去，身体的每一个部位一起用力，用大颚咬住蟋蟀的腹部，用前足制止蟋蟀乱蹬，用中间的步足勒住蟋蟀的肋部，紧紧地压住蟋蟀的身体，让其无法动弹。在基本稳定局势时，飞蝗泥蜂终于露出了自己的独门必杀技——腹部弯曲成90°，快速在蟋蟀的脖子、关节和腹部猛刺三下，它的动作干脆利落，使得蟋蟀很快就无精打采地躺在地上。这是多么敏捷的身手，先抑制住对手的进攻部位，再用毒刺将其麻醉。所以飞蝗泥蜂的刺与蜜蜂的不同，它们的刺是一种捕猎武器，只要刺入猎物的身体，便可使猎物麻痹，虽不会完全死亡，但也绝对动弹不得。

不过，飞蝗泥蜂的刺虽然厉害，但它们很少会主动攻击人类，即便有人恶作剧地捅了它们的蜂窝，它们也只是一走了之，并不报复，所以它们成为生物学爱好者理想的观察目标。

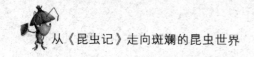
蛛　蜂

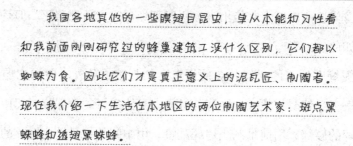

我国各地其他的一些膜翅目昆虫，单从本能和习性看和我前面刚刚研究过的蜂巢建筑工没什么区别，它们都以蜘蛛为食。因此它们才是真正意义上的泥瓦匠、制陶者。现在我介绍一下生活在本地区的两位制陶艺术家：斑点黑蛛蜂和透翅黑蛛蜂。

在公园的某个角落里，上演着这样惊心动魄的一幕：那是一只棕黄色的蜘蛛，名为白额长脚蜘蛛，也被称作白额大蟹蛛，常见于旧房子的墙角上。它是名副其实的杀手，蟑螂一遇到它可就算活到头了，但是，这次在白额长脚蛛面前忽而跳到左忽而跳到右的这只比蟑螂小很多的蜂儿，却让它无所适从了。当它还不知如何下手的时候，蜂儿的触角已经点中了它的死穴，并注进毒液。俗话说得好："狭路相逢强者胜。"在蟑螂面前，白额长脚蛛毫无悬念是强者；但在这只比自己小很多的蜂儿面前呢，它只能甘拜下风认倒霉，因为人家才是强者，认输还不够，最后连命都丢了。只见那只蜂儿上前咬住大蜘蛛，往湖边的石块下拖去。我跟着到池边探头往水边的石块上看，原来那只蜂把蜘蛛拖进石缝里去了。这只蜂儿的名字叫作蛛蜂，正是蜘蛛的死对头。

以蜘蛛为食

蛛蜂也叫蜘蛛蜂，分布在世界大部分地区，其中有40多种分布在英国，

100多种分布在北美。它们虽以益虫蜘蛛为食，但也不被人们视为害虫。它们有着长长的身体和挥舞的翅膀，不过与其他蜂类不同的是，它们的头顶有两只长长的触角，如羚羊一般。这小家伙行动敏捷，总是出其不意地上去给蜘蛛一口，蜘蛛虽然个头比它们大，不过没关系，它们也有自己的独家秘器，它们能迅猛地扑到比自己个头大的蜘蛛身上，向蜘蛛体内注射一种毒液。被注射了毒液的蜘蛛就像打了麻醉剂一般，迅速麻痹瘫痪。蛛蜂对已经到手的食物也不客气，它们会把蜘蛛的八条腿切掉，将蜘蛛身体"打包"回家。

你看到蛛蜂宰杀蜘蛛的一面，一定认为它面目可憎，其实，它们把蜘蛛打包回家只是为了给小蛛蜂喂食，虽然残忍，却充满母爱。蛛蜂把蜘蛛的腿全部切掉，也是怕它苏醒后会挣扎，伤害到小蛛蜂。这大概也是蛛蜂虽吃蜘蛛这种益虫，但人们依旧喜欢它，不把它当害虫的原因吧。

蛛蜂的童年

蛛蜂捕食蜘蛛，以此作为子代成长的食粮。除了蛛蜂会把蜘蛛作为食粮以外，泥蜂也是如此。不过，与泥蜂不同的是，蛛蜂只选择蜘蛛这一种昆虫，而泥蜂在此方面具有选食的多样性。它们不会像蛛蜂那样，只把捕猎范围锁定在蜘蛛这一种昆虫上，不会一味选取一种昆虫作为幼虫的食粮。

虽然蜘蛛是高效率的捕食者，通常武装着可怕的毒牙，但它们很少能逃过蛛蜂科的雌性猎蛛蜂的捕食。正如图中这只蜘蛛被黄蜂的刺弄瘫后，被当作黄蜂幼虫的食物拖向蜂巢。

蛛蜂妈妈把卸掉腿的蜘蛛放进小蛛蜂的房间后，就会封上房门，让蛛蜂宝宝在

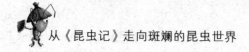
里面度过一段"漆黑"的岁月，等到房门再次打开的时候，小蛛蜂们就会化卵成虫。那么，这之后又发生了什么呢？让我们走进小蛛蜂的房间看个究竟吧。

打开小蛛蜂的房门，可以看到它的房间里有一只被麻醉了的蜘蛛。小蛛蜂长得真是漂亮，就像一个晶莹剔透的果冻条。它们的身体能分泌出一种消化酶，将蜘蛛分解成液体，然后再慢慢吸取汁液。从蜘蛛的腹部开始，小蛛蜂一点一点吸收它们身上的汁液，直到蜘蛛身上的汁液都被吸光为止。只需经过4天的时间，小蛛蜂便可以将蜘蛛彻底吸收干净。当蜘蛛最终被小蛛蜂吸收干净时，小蛛蜂也迎来了自己的第二个发育阶段——吐丝结茧。在长大成为成虫之前，它们都生活在自己的茧里面，在那里度过自己漫长的童年时代。

你一定不知道的!!!

世界上蜇人最疼的蜂

普通的蜂蜇人只会产生轻微的疼痛，但是在美国大峡谷，有种名叫沙漠蛛蜂的蜂，它们的刺可以让你疼得晕倒在地上。即便是体质好又很坚强的人，被它们刺一下，也会尖声叫起来。有被它蜇过的人这样形容它："它叮咬人时就像被晴天霹雳击中一样，人会不禁尖叫甚至因极度痛苦而扭动或翻滚，就像体内每一丝肌肉都被击中，这种感觉绝对是独一无二的。"它们是世界上最大的黄蜂，最长的可以达到5厘米，身披明亮的橙红色的翅膀，好像在时刻警告想要打它们主意的掠食性动物。

树　蜂

栖息于树内的虫类，如何在木头深处辨别开路的方向？它也有自己的专用罗盘吗？看来应该有，因为它需要能够以最快速度通向目标的暗道，这目标便是光明。幼虫期的树蜂，身处曲径繁复的迷宫，长期都在漫不经心地徘徊，散步。此时此刻，成虫树蜂为了达到迅速弃树而走的目的，断然选择了既省力又平直的路线。只见它将胸腹的连接部弓成肘形，借此调转身体，调整着方向。一旦与树皮层形成垂直角度，它就径直向着距离最近的树皮表面全力钻进。

无论遇到什么障碍，树蜂通道的路线都没有变化，严格遵循那略呈弧线的水平走向，诚可谓方向一经确定就绝对不允许改变，必要时树蜂宁肯啃噬金属障碍物，也不愿改变体态而背离所察觉到的附近光源的方向。

树蜂也叫木胡蜂，在林地中很常见。它们将卵产在树木中，幼虫在树木中生长，并在死木头或将死的木头中进食。它们的腹部末端突出的产卵器是钻孔的工具，因此树蜂科的昆虫也常被称为"角尾虫"。

最近的圆周轨道

很多昆虫的幼虫都有特殊的本领，比如说天牛的幼虫会在树里面挖好通道，好等长成成虫的时候顺利从通道中出去。吉丁也是如此，它们的幼虫为成虫修建逃出生天的路，不知疲倦地承担着繁重的劳动。天牛和吉丁的幼虫仿佛知道成虫非常急切地想要看到外边的世界，于是就把通道到出口的距离建得最短。它们的通道很短，障碍物很少，只需要捅破一层薄薄的树皮。而与它们相反，树蜂虽然也将卵产在树中，但是它们的幼虫并不修建逃生用的通道，而是由成虫来完成挖掘工作。

树蜂的幼虫一生都不离开树干的中心，也不受外界气候环境的影响，在树里过着平静而安逸的生活。它居住在长廊里，用木屑堵住通道，只在笔直的通道和还没有完全筑好的弯道交接处完成它的变态。在树蜂成虫逐渐恢复体力后，它便开始在自己身前挖掘一条穿透十几厘米厚木层的出路。它的行进轨道很特别，像是一条切角线恒定不变的弧线，这些通道轨迹与圆规的轨迹吻合得非常好。

树蜂的通道一边连接着树表，一边连接着幼虫的直线走廊。它的身体原来与树轴平行，随之就慢慢转到与树轴垂直的方向。接下来，它开始挖掘最短的通向外界的笔直通道。当成虫成功地将身体转向，从垂直通道进入水平通道后，它便沿直线向前一直挖到出口。树蜂之所以这样做，是因为这样所穿越区域的面积是最小的，它可以用最小的工作量通向树表。

天敌姬蜂的侦察术

树蜂有个天敌叫姬蜂，是一种体型娟瘦的蜂。每逢姬蜂准备产卵时，它们就先去找树蜂的幼虫。虽然树蜂的幼虫都住在松树干里，但姬蜂可以靠着自己那良好的嗅觉找到它们。有时，树蜂自己排在松树外面的粪便，也会让姬蜂顺利地寻到它们。只要找到这些嫩嫩的大幼虫，姬蜂便将自己那四五厘米长的产卵器穿过木材钻到寄生体身上，之后便将卵一粒一粒的产到寄主身上。从此，树蜂幼虫就开始走上死亡的道路。

由于受到粪便中的共生真菌的气味的吸引，这只雌性姬蜂找到了一只木胡蜂幼虫，并将卵产在其身上。

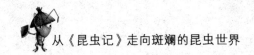
隧　蜂

　　怎样识别隧蜂？隧蜂这飞天工匠，体型一般比较纤细，比我们箱养的蜜蜂更显修长。它们组成成员众多的共同集团，但又依身材、颜色分成繁多的品种。各种隧蜂中，有的比胡蜂还大，也有的个头儿像家蝇，还有的甚至比家蝇都小。经验不足的人，会因为隧蜂品种繁多而颇感茫然难辨；殊不知，它们具备一个经久不变的特征。所有隧蜂，均持有清晰可辨的同业公会证明。

　　请看腹部背面那最后一道腹环。如果你捉到的是只隧蜂，其末端腹环就有一道平滑光亮的细沟。处于平静防御状态的隧蜂，螫针会顺着细沟做下滑上缩动作。这道被人忽略的武器滑槽，已经证明这虫类就是隧蜂族群中的一员，无须再辨别体色和体型。有针管昆虫系属中，隧蜂以外的其他蜂类均不使用这道细沟。这是个明显标记，是隧蜂家族的徽章。

　　在隧蜂蜂巢旁的花丛里，随处可见隧蜂们愣头愣脑地四处搬运花蜜，这热火朝天的劳动别有一番风味，因为它们必须争分夺秒地潜入地下。由于隧蜂的巢穴太过狭窄，通常第一只刚到，第二只便接踵而至，如果硬挤过去，会使花蜜掉落，而使它们的劳动功败垂成。所以隧蜂很懂得礼让，等第一只飞入巢中以后，第二只才会跟着进去，接着第三只、第四只……

隧蜂的地下小镇

隧蜂之所以叫隧蜂，是因为它们擅长挖隧道，把巢建在地下。每年四月到五月，它们便开始为自己未来的宝宝们建造"地下家园"。四月，是隧蜂们挖掘地道的时间，它们在自己的隧道里忙碌地工作着，很少会到外面活动。虽然它们在地下热火朝天的工作，但是地面上的一切都如往常一样平静。

隧蜂先在黏土地上挖出一个椭圆形的巢穴，它把自己长着小爪的跗骨当作耙，把大颚当成镐，用自己的细颈通过黏土地，让挖掘工具在里面自由活动。虽然这个巢穴不需要做得太精致，但是这项工作也是有很大难度的，它需要隧蜂一点一点慢慢地完成。在挖完巢穴，有了一个最基本的"毛坯房"之后，隧蜂便要对它进行"装修"啦。或许，隧蜂只是不及你指甲大的小昆虫，但是它们装修的水平可不比专业的装修工人差。隧蜂会对居所进行非常细致地装修，从"刷墙"到"压边"，再到"抛光"和"防水膜"，每一步都堪比人类建筑。它们会用上好的毛粉做涂层；用自己的舌头对各个部位进行抛光；用唾液来给墙壁做防水。这些工作不仅需要长时间的辛勤劳动，还需要几何学般的精确程度。

它们用红色黏土与细小卵石的混合体来做材料，将家落在坚实的土地里。一支隧蜂家族可以拥有100多个

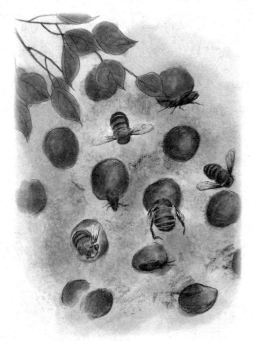

隧蜂母亲的住宅很讲究。

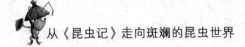
成员，每个成员都有自己的独立房间，大家互相不干扰。它们就像拥有高等智慧与向往"人权与平等"的人类，如果有其他隧蜂跑到自己家里来干扰自己的生活，主人便用最严厉的办法将其驱除。就这样，隧蜂们忙碌地工作，为自己建造生活的家园，每一位成员都认真遵循种族规则，在它们的地下小镇里平和安详地生活着。

隧蜂妈妈有些愚蠢

隧蜂有个天敌，是双翅目的小飞蝇。小飞蝇好吃懒做，从不自己劳动，总是跑到隧蜂那里偷粮食吃，而且还是"光明正大"地吃。只要等到隧蜂觅食归来，小飞蝇就趴在旁边，看着隧蜂酿蜜，等到"蜜团"一做好，它就坦然地飞过去，直接掠走隧蜂辛辛苦苦完成的劳动成果。而隧蜂呢，居然不做任何反抗，既不惩罚打劫者，也不将食物藏起来，简直就是明知要被打劫，还要坐以待毙。这打劫的和被打劫的，仿佛心照不宣，只是相互多打量一会儿罢了。

如果说隧蜂是好心的施舍者，给小飞蝇这个"吃白食"者施舍一点东西，那还没有什么，但最让人难以理解的，就是隧蜂居然连自己的宝宝也要让给小飞蝇这个强盗。每年5月的时候，隧蜂就把花粉做成"蜜团"，然后在上面产卵，将"蜜团"作为小隧蜂的食物。这个时候，只要有小飞蝇待在旁边，隧蜂宝宝们就算倒了大霉了。因为小飞蝇会将自己的卵产在隧蜂的"蜜团"上，跟着隧蜂的宝宝同享一块儿食物。小飞蝇的这些蛆虫泡在隧蜂宝宝的食盆里，与隧蜂宝宝争夺食料。隧蜂宝宝因为吃不饱，长得瘦弱不堪，还有的甚至因为营养不良而一命呜呼了。而它们的小尸体混在食料当中，却又成了蛆虫的另一道美味。

不仅如此，等到最后该为隧蜂宝宝封门的时候，隧蜂妈妈还会将已经空了的卵巢像正常的卵巢一样封上。

蜜　蜂

很多年前，爱因斯坦曾预言："如果蜜蜂从地球上消失了，那人类只能再活4年。"假如这个世界上不再有蜜蜂，那么就不会有花朵的授粉，不会有植物，也就不会有动物，最终，人类也会消失。地球上的每一种生物都有其存在的价值，蜜蜂虽小，却影响着整个生物链。

工蜂的舞蹈

蜜蜂工蜂通过"舞蹈"向巢穴的同伴说明食源的信息。舞蹈是在蜡质蜂巢的垂直面那一排排蜂房造成的黑暗中进行表演的。舞者总是会受到数只"追随者"的注意。

觅食的工蜂如果在离蜂房25米内的地方找到食物的话，就会返回蜂房表演绕圈跑一般的"圆舞"，其中伴随着方向的变化，变化的频率时多时少。变换方向的频率越高，就表示目的地的食物所含的热量价值越高。

如果食物距巢穴的距离为25～100米，那么蜜蜂的舞蹈介于圆舞和摇摆舞之间，用来表示距离较长的摇摆舞是一种约定好的"8"字舞。蜜蜂跳这种舞的时候会在舞蹈两端两个半圆的直线轨迹上左右来回摆动自己的腹部。"8"字舞中，食物的距离通过实现轨迹的持续时间和摆尾的频率来说明：摇摆身体，以及伴随这一动作的高频的嗡嗡声相结合，用来告知食物的质量。

追随者们通过用触角碰触舞者，并且对空气振动的感受性接受这些信息。而在舞者身上留下的花朵的特殊气味也很重要。因此，蜜蜂的舞蹈语言是一种多通道的信息系统。

酿蜜的辛苦

小蜜蜂们每天辛苦地在花丛里飞来飞去，完成采蜜任务。不过，它们在采集完蜂蜜后，还要经历很长一段时间的酿造，才能将花粉变成蜂蜜。这个过程是这样的：它们从植物的花中采取含水量约为80%的花蜜或分泌物，然后将它们存贮在自己的第二个胃里，经过身体里消化酶的分解与发酵，在30分钟后吐到自己的蜂窝里，然后，它们再将吐出来的花蜜咽下去再消化，再吐出，反反复复很多次，于是就酿出了最初的高含水量的蜂蜜。由于蜂窝里的温度很高，经过一段时间的蒸发，蜂蜜里的水分会越来越少。当水分蒸发到不到20%时，蜜蜂就会把它们储存到巢穴中，用蜂蜡密封起来。这样，蜂蜜就产生了。

蜜蜂的分工

蜜蜂一生中要经历卵、幼虫、蛹和成虫四个变态过程。它们是一种社会性群居昆虫，集体生活在蜂巢中。在这个群体性的大家族中，由三种成员组成：蜂后、工蜂和雄蜂。

一个健全的蜂群中含有约4万~8万只工蜂、200只雄蜂和一个蜂后。蜂后，也叫蜂王，是蜜蜂群体中唯一具有生殖能力的雌蜂，它负责繁殖后代并统治其他蜜蜂成员。蜂后1天中产卵近1500粒。为了维持自己在工蜂阶层中的地位，蜂后的颚腺会释放出一种叫作"蜂王物质"的信息素。这种物质不仅能抑制工蜂卵巢的发育，还能抑制工蜂

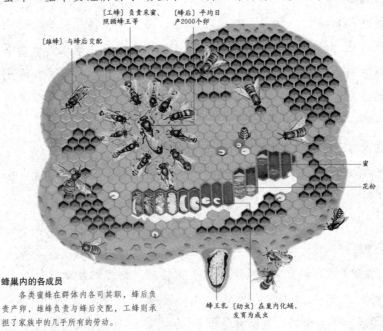

〔工蜂〕负责采蜜、照顾蜂王等　〔蜂后〕平均日产2000个卵

〔雄蜂〕与蜂后交配

蜜

花粉

蜂王乳　〔幼虫〕在巢内化蛹，发育为成虫

蜂巢内的各成员

各类蜜蜂在群体内各司其职，蜂后负责产卵，雄蜂负责与蜂后交配，工蜂则承担了家族中的几乎所有的劳动。

修筑其他蜂后的巢室的行为，从而减少自己的竞争对手。由于工蜂的数量太多，相比之下，蜂后释放的蜂王物质难免有鞭长莫及之处，于是工蜂们又开始修建其他的蜂后巢室。以新蜂后为中心的群体就产生了。当第一个年轻的蜂后羽化后，通常会把其他年纪小的蜂后除掉，此时，地位被取代的老蜂后会离开蜂群。

雄蜂的任务是和蜂后交配并繁衍后代，交配后立即死亡。它们的个头比工蜂大些，全身呈黑色。与蜂后一样，不具备攻击能力。它们不参加酿造和采集生产，可以说是蜂巢中无所事事的"懒汉"。虽然雄蜂的工作量不大，但并不是所有的雄蜂都可以与蜂后进行交配，只有在飞行比赛中获胜的才可以。而那些没有机会与蜂后交配的雄蜂，很多都会被工蜂驱逐出去。

工蜂是发育不全的雌性蜂，它们的主要任务是采集食物、哺育幼虫、泌蜡造脾、泌浆清巢、保巢攻敌等工作。蜂巢里的工作基本上都是它们干的。蜜蜂工蜂的行为与年龄有关联：它们头3天的职位是清洁员；第3~10天则是护士，此时

它们的颚腺和咽下腺体变得活跃，负责给幼虫喂食；在第10天左右，这两个腺体萎缩，腹部的蜡腺活跃起来，于是它们又变成了建筑工人；大概从第16~20天起，它们学会从返回的觅食者那里接过花粉和花蜜，并放到蜂巢中去；大约在第20天的时候，它们开始担负起守卫巢穴入口的职责。而在余下的6周左右的生命里，它们会一直负责出去觅食。工蜂的寿命一般是三十至六十天。在北方的越冬期，工蜂较少活动，而没有参加哺育幼虫的越冬蜂可以活到五至六个月。蜂群的工蜂量决定了蜂群的兴盛。

最甜的礼物

对那些彼此依赖的地球生命来说，作为授粉员的蜜蜂是地球上的关键物种之一。从赤道雨林到北美的沙漠地带和中东地区，从地中海附近长有茂盛的花朵的疏灌木丛到英国乡村的灌木树篱，我们视觉所见的世界上的各种不同的栖息地，都有来自植物和授粉的蜜蜂之间的相互关联及由此形成的网络的作用。

和人类一样，显花植物也分两性，其中大部分种类是自花不育

的，要结果实并繁衍下去的话，它们必须要得到同种类的其他个体上的花粉（雄细胞）。基于这一点，它们需要第三方作为授粉的媒介。许多植物种类，如针叶树、橡树、草本植物，可以简单地通过风授粉。这些植物简单开放的花朵能产生数亿颗又轻又干燥的花粉粒，它们能轻易地被风带起来在空气中传播。但是，大部分植物都是依靠昆虫来为它们授粉的，而这其中的大部分又是专门吸引蜜蜂来授粉的。

蜜蜂授粉植物产生的花粉的数量总是多过它们实际繁衍的需要，那些富含蛋白质的额外的花粉对蜜蜂来说非常具有吸引力。作为奖赏，显花植物还会提供花蜜，这是一种含高热量的糖分混合物，是蜜蜂的"高能燃油"。花朵鲜艳的色彩在我们看来是如此迷人，有时还带有花香，其实二者都是为了吸引蜂蜜前来的一种策略。

新西兰农场主的经历戏剧性地说明了蜜蜂作为授粉员的重要经济价值。19世纪的定居者开始大量饲养绵羊和乳牛，同时种植车轴草作为饲料。然而，新西兰本土的蜜蜂种群非常稀少，而且都是一些低等的、短舌头的种类，无法为车轴草授粉，结果19世纪的大部分时期中，新西兰不得不每年进口数百吨的车轴草种子。到了20世纪的80年代，有人建议从英国引进4种长舌头的雄蜂来完成为当地的车轴草授粉的任务，于是在此后的5年中，新西兰不仅不用再每年进口车轴草种子，而且成为车轴草的净出口国。

全世界约有150个农作物品种大部分或全部依赖蜜蜂授粉。仅在北美，这些农作物的年产值就达到近19亿美元。其中有些授粉是由驯养后的蜜蜂群完成的。实际上，蜜蜂授粉是一种理想的授粉方式：一旦某个地方有需要，那些可以四处活动的养蜂人就可以把蜂箱搬到目的地去，数量庞大的蜂群便开始施展它们的才华，为农场提供授粉服务。农场主们向养蜂人支付授粉的报酬，养蜂人也同时在蜂蜜和蜂蜡上获得了丰收，形成共赢的局面。

尽管蜜蜂由于能制造蜂蜜、蜂蜡和蜂胶而具有极高的经济价值，但每年的蜂蜜产值据估计仅仅占那些由它们授粉的农作物的产值的1/5。

在北美，指望蜜蜂来授粉的面积中，真正能得到蜜蜂服务的实际上只有1/3。北美大部分庄稼只能依赖蜜蜂和本土蜂群偶发的授粉服务，这种可能产生严重后果的情况在世界上许多其他农业地区差不多都同样存在。很明显，对于本土的蜂群以及如何驯养它们成为庄稼授粉员，我们还有很多知识需要了解。

来自北美和西欧部分地区的有力的证据说明，那些重大的农业和生态环境的破坏或分割现象对野生蜂群具有不利的影响。例如，英国本土的254种蜜蜂中，现在已有25%被列入世界自然保护联盟英国濒危动物红皮书的名单中；在欧洲中部的部分地区，情况甚至更加严重，500多种中有45%被列入当地的濒危物种名单中。这意味着每年我们都在和地球打赌：即随着生态环境和农业的破坏，以及因此带来的筑巢地点和花卉品种减少的情况，我们仍然期望下一个季节蜜蜂为我们赖以生存的授粉服务尽责。

工蜂失踪案

自2006年秋季以来，北美、欧洲、澳大利亚等地相继出现了大量成年工蜂失踪的现象，蜂巢内外无任何尸体，仅剩下蜂王、卵、幼虫以及一些未成年工蜂。科学家们称之为蜂群崩溃失调症。这种病的症状包括蜜蜂找不到回蜂巢的路、不能抵抗寄生虫和病毒等。目前，蜜蜂减少的现象在全世界很多地方都越来越严重。

蜜蜂是授粉昆虫的一种，在传授花粉的过程中扮演着至关重要的角色。世界上76%的粮食作物和84%的植物都依靠它们传授花粉。蜜蜂数量的减少，意味着粮食作物、水果、坚果和鲜花的产量也将随之下降。有科学家经计算得出数据，所有的授粉昆虫对食用作物产生的价值每年约为1530亿欧元，而野生授粉昆虫的持续减少和培养的困难使得谷物的生长越来越依赖于蜜蜂的授粉。在蜜蜂数量减少的同时，很多植物也会相应地减少。也不难得出这样一个结论，蜜蜂和相关植物的灭绝存在某种因果联系。

蜜蜂到底为何减少呢？

随着人们生活水平的不断提高，社会化与城市化共同发展，我们对自然的破坏力度也越来越严重。这导致地球的气候发生了很大的变化，一些蜜源植物提前开花甚至无法开花。而蜜蜂本身对环境的认知能力以及自身的生物钟调节能力又不强，不能尽快与外界环境变化相适应。它们采蜜的时间与植物的花期不一致，很多蜜蜂就因此而被饿死。

养护不力也是蜜蜂健康生存的一大障碍。以2008年为例，英国共有4.4万名蜂农，养护着27万只蜂箱，而这些蜂农中90%没有受到过专业训练。业余的蜂农自然不能够提供出专业的养护服务，而蜂群便有可能会因为蜂农的养护不力而减少。

为了让蜜蜂能够更高效率地生产蜂蜜，有农学家和遗传学家人为地对蜜蜂进行基因选择和培育，这样大量培育某种基因蜜蜂的行为使得带有其他基因的蜜蜂的数量逐渐萎缩甚至消失。在这种不同基因蜜蜂所占比重严重失衡的情况下，一旦爆发病虫害或者自然灾害，将会对蜂群产生致命的危害。

我们人类为了提高农作物的产量和质量，一直在使用杀虫剂和化学制品，这些化学用剂虽然可以消灭掉食用农作物的害虫，但同时对蜜蜂也会产生影响。比如说，用来杀死蜂巢内寄生虫的氟胺氰菊酯，会使蜜蜂在觅食和定位功能上受到阻碍。而多杀菌素则会对蜜蜂的觅食能力产生影响。一旦剂量超过一定限制，甚至能使蜜蜂在2~4周内死亡。此外，严重的大气污染也是杀死蜜蜂的凶手之一。

当今，无绳电话在家庭和办公室内被广泛使用，这种电话不断释放出大量电磁波，电磁波会影响昆虫的日常活动。特别是蜜蜂这种对地磁场和电磁场很敏感的生物，它们告诉同伴如何寻找蜜源的舞蹈会因为磁场微小的改变而被误导。近些年来，越来越多的3G手机开始投入使用，这使得更多信号塔被建筑起来，而信号塔所释放的电磁波便导致了这些地区的蜜蜂大量减少。研究发现，手机所发出的辐射会影响蜜蜂本身的导航系统，令蜜蜂迷路，不能返回自己的蜂巢，这样导致蜂巢最后只剩下蜂后和年幼的工蜂，使整个蜜蜂的群居社会全部瓦解了。

竹节虫

竹节虫是昆虫群体中最长的一种，主要分为两种：一种如细棒一般，像一根树枝；另外一种则像一片树叶。它们是天生的隐形专家，不需要刻意的伪装，就可以达到很好的隐身效果。印度尼西亚有种竹节虫，体长可以达到30多厘米，其长度可以堪称世界之最。它们具有非凡的伪装本领，能惟妙惟肖地假扮植物的颜色、形状和习性。只要它们趴在树上，便一天也不动，仿佛与树融为一体一般。

有人说你阴险狡诈，擅长伪装，如幽灵一般活在这个世界上，就像你的拉丁语名字"phantom"（幽灵）。不过你最终还是揭开了神秘面纱，如树枝一般款款下落，向我们解释你善意的伪装……

地球上最大的昆虫

竹节虫目昆虫通称为竹节虫，形状细长似竹节，体长一般在3～30厘米，最长可达50多厘米，是地球上体长最长的昆虫。它的头部与身体几乎一样宽，当身上的六足紧靠身体的时候，细长而分节明显的身体看起来非常像一根竹枝，所以称之为竹节虫。它们主要分布在热带和亚热带地区。在印度尼西亚森林里有种巨型竹节虫，它们的体长可以达到33厘米，在昆虫王国100万种昆虫中独占鳌头。

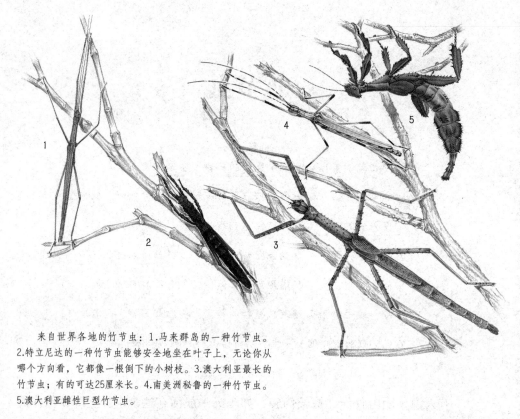

来自世界各地的竹节虫：1.马来群岛的一种竹节虫。
2.特立尼达的一种竹节虫能够安全地坐在叶子上，无论你从
哪个方向看，它都像一根倒下的小树枝。3.澳大利亚最长的
竹节虫；有的可达25厘米长。4.南美洲秘鲁的一种竹节虫。
5.澳大利亚雌性巨型竹节虫。

2008年10月，英国伦敦自然博物馆展出了一只巨型竹节虫标本，它的体长可以达到55厘米，是已发现的"地球上最大的昆虫"。这个标本一亮相便引起了巨大的关注。据博物馆研究专家胡克·道金斯说，这只竹节虫来自印度尼西亚婆罗洲的热带丛林，于1998年10月被发现，虽然距离2008年的展出已经过去10年，但是事实告诉我们，这只竹节虫依旧是世界上目前人类发现的最大的昆虫。

自2008年伦敦展出之后，全世界掀起了一股不小的"竹节虫热"，尤其是在印度尼西亚、菲律宾等地，昆虫爱好者们成群结队地出没在丛林中，想要一睹这种巨型昆虫的风采。为了避免太多的人进入丛林，影响到竹节虫的正常生活，印尼婆罗州政府已经下达官方禁令，杜绝科学考察以外的一切丛林探索。

高超的伪装术

竹节虫的伪装术可以堪称世界之最。它装扮成被模仿的植物，或枝或叶，惟妙惟肖，若不仔细端详，很难发现它的存在；同时，它还能根据光线、湿度、温度的差异来改变体色，由绿色、棕色变为其他颜色。当温度与湿度下降时，它的体色变暗；温度较高，空气干燥时，它的体色则变为灰白色。依靠这些护身法宝，竹节虫可以巧妙地躲过敌害的追击。

竹节虫平时生活在竹林里，当它栖息在竹枝上时，偶尔会做些小动作伸展一下身体。有时它们会将中、后胸足伸展开，不时微微抖动几下，如果不仔细看，会以为这只是一个被微风吹拂的小竹枝。竹节虫的腿与其他昆虫不同，它们遇到敌人可以自行断落双腿，进行自卫。在求生后，脱落的双腿能够再生。对于伪装和求生，它们可以说是高手中的高手。即便树枝只是稍有波动，它们也会像飞行的树枝一般坠落在草丛中，收拢胸足，然后一动不动地装死，等到周围再无动静的时候，它们再溜之大吉。

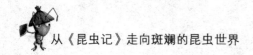
石 蚕

石蚕原本是生长在泥潭沼泽中的芦苇丛里的。在许多时候，它依附在芦苇的断枝上，随芦苇在水中漂泊。那小鞘就是它的活动房子，也可以说是它旅行时随身带的简易房子。这活动房子其实可以算得上是一个很精巧的编织艺术品，它的材料是由那种被水浸透后剥蚀、脱落下来的植物的根皮组成的。在筑巢的时候，石蚕用牙齿把这种根皮撕成粗细适宜的纤维，然后把这些纤维巧妙地编成一个大小适中的小鞘，使它的身体能够恰好藏在里面。

如果你稍微用心观察，在有淡水水流或积水的地方，可以看到这样一种水生动物，它们身上披着一层如树皮一般的外衣，在水中上上下下自由地穿梭着。这些动物的"壳"包裹着身体，只留头和胸在外面。如果将它们的"外衣"脱掉，便可看到它们的腹部长着丝状的鳃，末端则有一对带钩子的腹足。这种出门"穿衣服"的动物叫"石蚕"，是石蛾的幼虫，生活在湖泊和溪流中，以水中的藻类植物和其他昆虫为食。

石蚕的生态适应性较弱，比较偏爱没有污染的水域，所以它们也被人们用来分析水流的污染程度。不仅如此，它们还是许多鱼类的主要食物来源，在流水生态系统的食物链中占据重要位置。

建筑大师

石蚕的"外衣"，其实也是它们的"房子"。它们是天生的建筑专家，能用任何东西造房子，比如说沙粒、贝壳碎片或植物碎片等。它们造房子是为了把自己伪装成河床的一部分，以此来躲避食肉动物的绞杀。如果建筑材料太大，它们就会用有力的双颚把它快速切割成适当的形状，然后吐出自己如胶水一般的唾液，将其黏成巢壳，供自己使用。这房子一般呈管状，两端均为开口，它们可以在里面自由活动。

石蚕的这个房子，放在我们人类手里，还有新的用途。如果稍做加工，这些小房子就会变成一种独特的珠子，成为人类制作珍宝的最佳原材料。现在，有专门的工作人员开始饲养石蚕，其目标主要就是获得它们的"小房子"。在这个过程中，工作人员不会伤害到石蚕，一旦它们变成成虫，就放了它们，因为长大了的石蚕已经没有任何利用价值了。要知道，离开水的石蚕成虫只有几天的寿命，所以它们忙着去寻找配偶。

石蚕蛾的代表种类，其中包括这一目独有的特征——保护性的幼虫壳：1.沼石蛾科石蚕蛾。这一科的成员在整个北半球都能见到。2a.钓鱼人熟悉的石蚕蛾幼虫，即大红沙草，正从它的壳里往外钻。2b.是这种石蚕蛾的成虫。3a.沼石蛾已发育成成虫，丢掉了它的壳（图3b），它在壳中度过了幼虫期。幼虫在死去的植物外面建造自己的壳，这种石蚕蛾会成为豆瓣菜田的害虫。

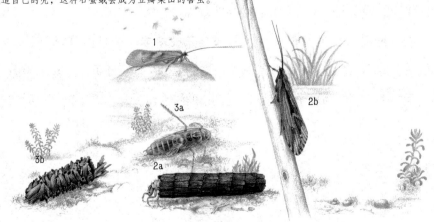

天生的潜水家

虽然我们人类一直自诩为高智商生物，但是与石蚕这种与生俱来就会建潜水艇的高手相比，我们实在是显得有些自不量力。

石蚕的潜水艇也是它的房子，大多由树皮、贝壳、米粒等材料做成。它收集那些已经腐蚀掉的植物的根皮，然后用牙齿把它们一点一点撕成粗细适宜的纤维，再将这些纤维织起来，织成如宝剑套子一般的小鞘，这小鞘便是它的房子、它的潜水艇了。石蚕可以靠着它这个小鞘在水里自由地游来游去，一会儿上升，一会儿下降。不仅如此，它的小鞘还可以转变方向，俨然一个构造精密的潜水艇。

不过，你若是把它的这个小鞘拿走，它便会沉到水底，这是为什么呢？原来，当石蚕在水底休息时，它便将整个身子都塞在小鞘里；而当它想浮到水面上时，便先将前身伸出鞘外，使小鞘的后部留出一段空隙，因为有了使体重减轻的小鞘，它便可以借助浮力往上浮了。这一段装着空气的鞘就像轮船上的救生圈一样，带着石蚕轻松地在水中游来游去。当石蚕享受够阳光后，它就缩回前身，排出空气，渐渐向下沉落了。石蚕控制小鞘有方，这让它可以尽情地浮到水面接触阳光，抑或在水底尽情地遨游。

石蚕的潜水艇虽然很简易，但却能完成基本的"自由升降"。这样精巧、完美的小潜水艇，靠的仅仅只是石蚕的一种本能。或许这小小的生命并不懂人类博大精深的物理学，但它所创造出的潜水艇，却是潜水世界里的翘楚。

第三部分 书外的昆虫也精彩

在地球上，一共有100多万种昆虫，而在法布尔的《昆虫记》中，只记述了百十种昆虫。这些昆虫的种类与大千世界的百万种昆虫相比，可以说是微不足道的。在这个章节里，我们将为你讲述《昆虫记》之外的几种非常典型的昆虫，一起来瞧一瞧吧。

虱　子

虱子是一种寄生在人身上，靠吸食人血为生的芝麻般大小的虫子。如果平时不注意卫生，便有可能招惹上它们。它们不仅会吸食你的血液，还会传染疾病。

肮脏的小吸血鬼

虱子的寄主很多，可以是人类，也可以是其他哺乳动物，例如鸟儿。总之，它们喜欢有毛发的地方。在以前经济发展水平比较低、人们生活条件比较差的年代，很多人身上都长虱子。虱子终日都生活在寄主的皮肤、皮毛、羽毛构成的环境里，即"表皮处"，它们都是专性的永久性寄生虫。它们没有翅膀，只能靠行走来移动，不过，若是寄主之间相互接触的话，便会为它们的移动创造条件。

虱子不仅吸血，还会传染疾病。只要它们咬到你，就会使你的身体奇痒无比。它们繁殖能力很强，每只雌虱子每天可以生10只小虱子，活6个星期。只要温度适宜，虱子就会活跃起来，开始吸食人血；当天气变冷或者变热的时候，它们就进行休

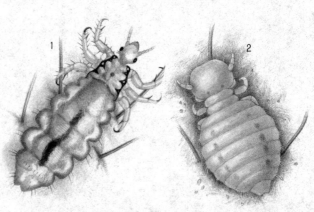

1.人类头虱通常在学童身上大批滋生，这是由于他们紧密的身体接触使得虱子能够在宿主间传播。
2.一种通常称作"羽虱的狗虱依靠宿主的血液生活"

眠。所以，如果你身上长了虱子，就做剧烈的运动吧，上升的体温和汗水会让虱子从你的身上逃离。

虱子的唾液治癌症

巴西的研究人员发现，南美洲有种虱子，它们的唾液可以控制并消除癌细胞。在这种虱子的唾液中，含有一种特别的蛋白质，它可以使血液变得浓稠或凝固。其实，虱子原本是利用这种物质来享受血液的，这种物质的凝固功能可以帮助虱子更畅快地"喝血"，但没想到，这种原本帮助虱子饮血的物质，居然可以用来治疗癌症。

研究人员用这种物质在老鼠身上进行了实验，结果更让他们感到意外。连续使用这种蛋白质14天，老鼠体内的肿瘤就被抑制住了。当连续使用42天时，肿瘤就全部消失了。到目前为止，至少已经有包括新加坡在内的3个国家开发了这种新药，虱子唾液的研究给癌症患者带来了福音。

蚊 子

夏天的夜晚，总能听到蚊子"嗡嗡嗡"的叫声，很多时候明明已经睡着，却又被它们吵醒。待过了一会儿，终于没有声音了，你或许会庆幸蚊子终于飞走了，不过，别得意得太早，因为这个时候蚊子或许正"趴"在你身上吸血呢！

只有雌蚊吸血

在蚊子的世界里，并不是所有的蚊子都靠吸血为生，而是只有雌性蚊子才吸食血液。雄性蚊子只食用花蜜和植物汁液，而雌蚊偶尔也是食用植物汁液的。不过，一旦雌蚊婚配后，便变得非吸血不可。这是因为雌蚊只有吸血，其卵巢才能发育，才能繁殖后代。它们的吸血情况还受温度、种类等因素的影响。一般，它们只在气温达到10℃以上时才开始吸血；伊蚊一般在白天吸血，而按蚊、库蚊则多在夜晚吸血；有的蚊偏嗜人血，有的则爱吸家畜的血。

雌蚊在吸完血后，便找有水的地方产卵去了。在夏天适宜的环境里，雌

站在植株上的蚊子

蚊将卵产在水中，一两天后就孵化出幼虫孑孓了，孑孓经过四次蜕皮后变成蛹，然后继续在水中生活两三天，即可羽化成蚊。每只雌蚊一生可产卵1000~3000个，它们完成一代的发育只需10~12天，一年可繁殖七八代。并且，雌蚊只要一次受

孕，便可终生产卵。

蚊子也挑食

我们很多人都认为，蚊子喜欢皮肤细嫩、血"甜"的人，其实事实并非如此。对于蚊子来说，吸引它们的是人体所散发出来的某些气味。它们"嗡嗡嗡"地盘旋于人们周围，实际上就是在用感应器来感应人体的温度、湿度和汗液中的化学物质是否符合它们的"口味"。一般来讲，它们喜欢叮咬体温高、爱出汗的人，因为这些人的身上会分泌出较多的氨基酸和乳酸等物质。蚊子不能依靠自己的身体生成乳酸和维生素B等物质，只能吸食人体血液来

正在吸血的蚊子

获取。所以说，身体含有这些物质比较多的人就更容易被蚊子咬。

蚊子每次叮咬，吸吮大约五千分之一毫升的鲜血，120万只蚊子在一起，每只吸一口，便可将一个人的血吸食干净。

蚊子还有些不为人知的习性。它们喜欢等待，可以一动不动地待在一个地方好几个小时，等到时机成熟了，再下手"作案"。它们甚至还知道你有没有睡着，一旦你行将入睡，它们便马上飞到你身边咬你。蚊子咬人的速度与温度有很大的关系，在37℃以上时，它们只用0.1秒就能将人叮咬"上口"，但在27℃以下时叮人的速度便大大降低，而在17℃以下时就一般不再咬人了。

躲在黑暗中

在漆黑的夜里，蚊子可以准确无误地找到你，并狠狠地"咬"上你一

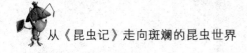

口。那么，它们是如何找到你的呢？

原来，蚊子是靠嗅觉来寻找人的。它们有很强的嗅觉系统，当人类呼出二氧化碳和其他气体时，它们能很快感受到，这些气味对于蚊子来说，就好像开饭的铃声，告诉蚊子美餐就在眼前。一旦蚊子锁定它的目标，就会跟着人所呼出的气息曲折前进，直到接触到目标为止，之后它们就落到人的皮肤上耐心寻找"突破口"，最后再把"针管"插到皮肤里狠狠地吸上10秒钟。

另外，蚊子是一种趋暗的动物。它们昼伏夜出，越是暗的地方，越对它们有吸引力。这种特性让它们在黑暗中也能随心所欲地"工作"。环境越暗，它们就越喜欢。如果在夜间你穿着深色衣服，便会呈现出一团黑影，蚊子便会向你这身更暗的黑影追逐而去。所以说，身着深色衣服的人要比身着浅色衣服的人更招蚊子咬。

你一定不知道的！！！

蚊子可以和人脸一样大

在日本东京博物馆里面，保存着世界上最大的蚊子的模型，它有如人脸一般大。据金氏记录记载，世界上最大的蚊子约有40厘米长。而目前世界上现存的最大的两种巨蚊是金腹巨蚊和紫色巨蚊。其中，金腹巨蚊也被称为"蚊子捕食者"，它们不仅不吸血，而且在幼虫期会捕食其他种类蚊子的幼虫。如果能够合理利用金腹巨蚊，那么可以让任何区域内的吸血蚊子数量大大减少。一些疾病研究学者甚至建议，人类应该铺上红地毯欢迎"金腹巨蚊"。

跳　蚤

跳蚤是一种个头很小、擅长跳跃的无翅昆虫。它们身上长有很多倒着的硬毛，帮助它们在寄生的哺乳动物身上到处爬行。跳蚤擅长跳跃，据说它们能够跳越超过它们身长350倍的距离，相当于一个人跳过一个足球场。

靠脚跳跃

我们在做立定跳远的时候，会先下蹲，弯曲膝盖，然后再站直，这样，身体凭借膝盖弯曲的力量得到向前冲的力，便跳了出去。不仅仅是人类，几乎所有能够弹跳的动物，都是靠膝盖用力来弹跳出去的。不过，跳蚤却与众不同，它们不用膝盖，而是用脚。在跳蚤的脚上，长着一种叫作"节肢弹性蛋白"的物质，只要跳蚤压缩含有这种物质的肌肉，便会爆发出弹力，于是就跳了出去。

以前，在科技还不太发达的时候，很多人都认为跳蚤是靠膝盖的力量跳跃的。为了找到这个问题的正确答案，英国剑桥大学的生物学家们颇费了一番功夫。

擅长跳跃的跳蚤

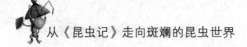

他们使用高速摄像机对跳蚤进行拍摄，经过很长时间的工作，终于获得了51段较为清晰的跳蚤弹跳的慢动作视频。通过这段视频，科学家们终于得出跳蚤是用脚跳跃这一结论。并且，专家们还发现，有时候跳蚤跳跃，膝盖甚至都不接触地面。它们在膝盖不接触地面的情况下，依然能用同样的速度和加速度上升，真是一件不可思议的事情。

巨型跳蚤

英国《自然》杂志刊登过中科院的一篇有关"中国中生代巨型跳蚤"的研究论文，这篇论文记述了有关"跳蚤"的最新发现，即在我国内蒙古及辽宁地区发现了跳蚤化石。这些距今1.65亿年的跳蚤与今日不同，它们个头很大，平均体长可以达到1.5厘米，有些大的甚至可以达到2厘米，如蟑螂一般。

声名狼藉的猫跳蚤的正面照极佳地展示了它扁平的身体，这使它们能轻松地在宿主浓密的毛皮中滑行。它头部的颊梳也很明显。

有专家推测，这些跳蚤之所以个头很大，与它们的生活环境有关。在一亿多年前，居住在地球上的生物很多都是诸如恐龙这样的大型生物。而那个时候的跳蚤，即便个头大一些，也可以很容易藏在恐龙的皮毛里不被发现，它们那长而尖锐的口器便为吸食哺乳动物血液提供了便利。经过数亿年的不断进化，随着恐龙的灭绝，哺乳动物个头的缩小，跳蚤也跟着变小了。如今，我们再看到细小的它们，恐怕很难想象它们的祖先是像蟑螂一样大的"巨型"跳蚤了。

臭 虫

臭虫在我国古时又称床虱、壁虱，靠吸食人血为生，它们有一对臭腺，能分泌一种异常臭液，只要是它爬过的地方，都会留下难闻的臭气，故名臭虫。

吸人血的虫子

臭虫是一种吸食人血的虫子，它们喜欢群居在墙缝、床缝或家具缝隙中，等到夜晚就出来吸血。虽然它们大多在晚上出来进食，但这并不意味着它们是夜食动物，晚上吸血只是因为它们怕声响。假如你家有臭虫，而你因为某事离家半个月，等你再回来的时候，若是不好好清理一番，恐怕要和臭虫们"血战"到底了。

臭虫的寿命很长，可以活一年多。它们生命力很强，即便几个月不喝血，饿得只剩下两张皮，也能存活。不仅如此，就算是在寒冷的冬天，它们也能存活下来。这是因为它们常年栖息在阴暗狭小的地方，很难有吃"大餐"饱腹的机会，久而久之，这种挨饿的能力便培养了出来。就算有时能吃到"美食"，那也是冒着生命危险，因为人类不知道

正在吸血的臭虫

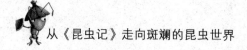

什么时候就会翻个身，把小小的它们压个粉身碎骨。

臭虫的秘密

有不少人都认为臭虫跑得很快，其实这是错误的，臭虫虽然和蟑螂一样也有六条腿，但是它们爬得很慢，除非你冲着它们猛吹一口气，否则它们一分钟只能爬一米！还有很多人认为臭虫只喜欢在不干净的地方生活，其实，臭虫对环境的要求并不高，它们只在乎哪儿的鲜血多。

广东有句俗语，叫："一物降一物，糯米治木蚤（臭虫）。"像臭虫这种用敌敌畏都杀不死的吸血虫，糯米却可以把它们搞定。只要在它们经常出没的地方放上糯米，臭虫就不会再来了。除了糯米，还有用桉树叶煮水对付臭虫的说法，究其原因，科学家们分析认为，桉树叶煮出的水可以治疗皮肤病，恰好成为臭虫的克星。但是糯米为什么可以治臭虫，却让很多专家百思不得其解。

贪吃的臭虫

蟑　螂

你有没有这样的经历：晚上想去厨房取点东西吃，猛然打开灯，就看见桌子上、地板上爬满了蟑螂，实在是太可怕了！它们爬得很快，只要路过食物便过去"掠夺"一番，最可怕的是只要周围有一只蟑螂存在，就会繁衍出无数只蟑螂……

最后的存活者

蟑螂是地球上最古老的昆虫之一，起源于泥盆纪，曾与恐龙生活在同一时代。它们昼伏夜出，居住在洞穴内，生命力极强，经得起酷热及严寒的考验，至今仍分布广泛。根据化石证据显示，原始蟑螂约在4亿年前的志留纪出现于地球上。亿万年来，它们的外貌并没什么大的变化，但生命力和适应力却越来越顽强，一直繁衍到今天，广泛分布在世界各个角落。

蟑螂这种生命力强大的虫子，让生物学家都下了这样一个定论：即使有一天地球上发生了全球核子大战，在影响区内的所有生物，包括人类和动物，甚至鱼类等，都会消失殆尽，只有蟑螂会继续它们的生活！这是因为通常情况下，人类身体所能忍受的放射量为5雷姆，一旦总辐射量超过800雷姆则必死无疑。而德国小蠊可以忍受9000~105000雷姆，美洲大蠊则达到967500雷姆！所以即使有核子爆炸，蟑螂也可以幸存下来。

蟑螂是杂食性动物，在垃圾场、厕所、盥洗室等场所都能看到它们的身影，它们随处取食，吃完后便到处排卵和粪便，可谓是肠道病和寄生虫卵传播的罪魁祸首。而且，蟑螂的体液和粪便还会引起过敏。此外，蟑螂会在电视

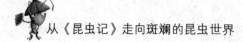

机、通信器材和电脑等设备中栖息藏身，具有一定的事故隐患。

俗名叫"小强"

据说，最早把蟑螂叫作"小强"的是在广东、香港等地区，而如今，只要一提起"小强"，大家都知道指的是蟑螂。在国外，某些宠物蟑螂早就风行多年，比如马达加斯加蟑螂便是有名的一种，它也常被用来做实验动物。

如果我们可以撇开自己主观的厌恶不提，客观来看，蟑螂的确是成功的生存者。从地球上第一个细胞的出现，到现在人类高度发达的社会，其间历经物种的筛选、进化与淘汰，而蟑螂能够从恐龙时代一直留到今日，不得不说它们真的是最成功的生存者之一。它们中某些种类的适应能力实在让人感到吃惊，若是用一个字来形容，就是"强"！它们是这世界上唯一不挑食的动物，只要是有机物它们就吃；它们虽是陆生生物，但是在水下却可以存活长达30分钟的时间；它们不怕热，即使扔到100℃的炉子里也可以活很久；它们的头被切断以后也可以继续活上好几天。

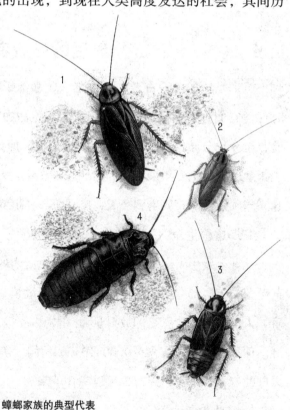

蟑螂家族的典型代表

1.美国蟑螂；2.德国蟑螂；3.东方蟑螂。以上三种均为家具害虫。4.马达加斯加蟑螂发声大蠊与众不同，正如其名字所示，这种有坚硬外壳的蟑螂不仅彼此间用声音联系，也把声音作为性兴奋剂使用：雄性不叫就不交尾。

无头也能活

蟑螂没有头，也依然可以存活一个星期。如果你知道蟑螂为什么可以没有头也能存活一个星期，你也就知道为什么有的昆虫可以无头生存，而人类却不可以。我们人类的生存，依靠的是血液在体内的流通。假如人类的头被砍掉，便会流血不止，血压降低，氧气和养料便无法供应给生命组织。

不过蟑螂与人类的血压方式不同。蟑螂没有像人类一样庞大的血管网络，即便没有很高的血压，也能保证血液到达毛细血管。它们所拥有的，是一套开放式的、不需要太高血压的循环系统。所以，就算你砍掉它们的头，它们脖子上的伤口也会在血小板的帮助下很快凝固，起到止血的作用。

不仅如此，蟑螂的呼吸也与人类不同。它们是利用身体上的小孔，即气门来呼吸的。有了这个，它们便不需要大脑来控制呼吸，血液也不用运输氧，只需要通过气门管道便可以直接呼吸空气。

你一定不知道的！！！

蟑螂其实并不脏

或许是因为蟑螂总是在脏乱的环境里生活，所以它们给我们留下的便是一个到处传染疾病的印象。不过，台湾师范大学生命科学系教授林金盾却不这样认为。通过对蟑螂这一生物近16年的研究，林教授发表研究报告说，蟑螂其实是爱干净的。除了吃饭、睡觉等时间外，它们都在认真地清理自己的身体，包括它们的触角、六只脚和尾毛等重要部位，以此维持体表的敏感度。虽然表面看起来它们是在偷吃人类的食物，到处散播病菌，其实它们只是在清理杂物，那些发霉、恶臭、繁衍微生物和病原体的生物不都是它们在消灭嘛。

蜻 蜓

在美国，有这么一个关于"魔鬼补衣针"的童话故事，讲的是如果哪个小孩子行为不检，蜻蜓就会找到他，然后缝住他的眼睛、耳朵和嘴巴，让这个犯了错误的孩子看不到外面的东西，听不到动听的声音，嘴巴发不出声音。这个故事把蜻蜓描述成了一个可怕的惩罚者，而实际上，蜻蜓是不会像童话故事中描述的那样，它们不仅不会伤害人类，还是人类生活的守护者呢。它们会一边飞行一边捕捉害虫，比如吸人血的蚊子、到处挟带细菌的苍蝇等等。赶上天快下雨时，它们就在低空中飞行，就像是大自然的"晴雨表"。

千千万万小眼睛

拥有一双美丽的大眼睛，是我们很多人都很向往的事，因为大多数人认为拥有大眼睛的人是漂亮的。而在昆虫界，若是以眼睛大小来评定美丽与否的话，蜻蜓一定是当之无愧的"美人"。它的眼睛大到可以达到其头部面积的三分之二，远远望去仿佛它的头上只长了眼睛，没有其他器官一般。而且，在它这双大眼睛中还有很多只小眼睛，若是在放大镜下观察，可以看到里面

蜻蜓可以用前腿捕捉半空中的其他昆虫。蜻蜓的眼睛结构比任何其他昆虫的都要复杂，这便于发现猎物。

有很多密密麻麻的呈六角形的小眼睛，有科学家统计，其中的小眼睛可以多达20000多只。很多昆虫小眼睛的数量甚至都达不到它的十分之一。

蜻蜓的小眼睛可以清晰地看清物体，而且不管是向上、向下、向前还是向后，哪个角度都不需要转头，360°看清物体。这些小眼睛与蜻蜓的感光细胞和神经相连，就像是一台台照相机，快速记录周围的每一个瞬间。有了这数量壮观的小眼睛的帮助，蜻蜓在空中捕捉昆虫的时候，便格外得心应手了。蜻蜓的眼睛除了可以看东西，还可以测速。只要身边有物体飘过，它的小眼睛便可以对那个"飞行物"进行测速，即便是"精明"的苍蝇也难逃它们的魔眼，要知道，蜻蜓所拥有的小眼睛是苍蝇的好几倍呢！

蜻蜓为何要"点水"

我们经常用"蜻蜓点水"这个成语来形容一个人做事情不够认真、不够深入，就好像蜻蜓用它的小尾巴轻轻一扫水面那样。可是，若是挖掘一下这个成语背后的意思，不禁会让人发出疑问：蜻蜓到底为什么要点水呢？

原来，蜻蜓之所以要点水，是它们要将自己的卵产在水中，卵孵化出来的稚虫，便是他们的幼虫，称为水虿。水虿被产在水中后，要在水中度过2年左右的"童年时光"，这时光虽漫长却很愉快。它们平时会伸出带爪钩的下唇做做运动，运气好的时候还能捕捉到水中的小动物，就算抓到的不多，用来充饥也足够了。水虿是天生的游泳专家，你看它们的腹部多么特别，可以通过压缩腹部往后喷水来使身体向前冲，就像水中的喷射式飞机，速度极快。除了特别的腹部构造，它的呼吸方式也使它擅长游泳。水虿用直肠气管鳃呼吸，与鱼类有类似的呼吸方式，难怪它游得那么快！

经过2年左右的水中生活，长大的水虿会沿着水草爬出水面，在成虫仪式上脱掉皮，羽化为成虫。终于，一只蜻蜓诞生了。它们经历了至少2年的

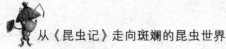

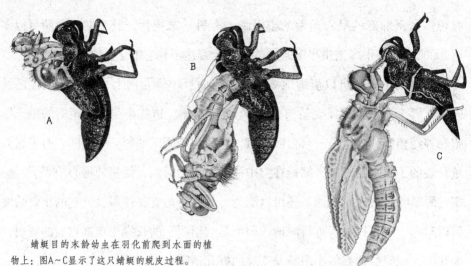

蜻蜓目的末龄幼虫在羽化前爬到水面的植物上：图A~C显示了这只蜻蜓的蜕皮过程。

水中生活，才得到在空中遨游的"通行证"。蜻蜓妈妈在水中这样的温柔一"吻"，所花的时间或许只是一两秒钟，但是这一"吻"给大自然带来的小生命，却至少要在水中遨游两年。可见，"蜻蜓点水"表面上花了2秒，实际上却是往水中栽了一个为期2年的幼苗，谁还能说它是"随便""不深入"的呢？

你一定不知道的！！！

大蜻蜓会吃小蜻蜓

蜻蜓也会相互残杀。假如它们的身边没有食物，只有同类的时候，它们当中的强者便会把弱者吃掉。还有的种类的蜻蜓也会将别的种类的蜻蜓当成食物。比如说，狭腹灰蜻会捕杀红蜻和侏儒蜻蜓。虽然狭腹灰蜻和红蜻差不多大，但是狭腹灰蜻的六足及身体结构却要比红蜻强壮得多，它们的牙齿也要更发达、更强大。所以，虽然同为蜻蜓，但是当红蜻遇到狭腹灰蜻的时候，便往往会成为它们的口中餐。

蜉 蝣

相信很多人都看过海伦·凯勒的《假如给我三天光明》，在阅读这本书的时候，我们或许也会想象假如自己只有三天的光阴，该做些什么才会让自己不后悔这三天的生命。然而，在昆虫界，有这么一种原始的昆虫——蜉蝣，它们的生命只有一天，早晨蜕蛹而出，变成成虫，下午交配，繁衍后代，到了晚上生命就终结了。

最古老的飞行昆虫

蜉蝣是世界上现存的最古老的飞行昆虫之一。它们最早出现在距今3.5亿年前的石炭纪，是最原始的有翅昆虫。它们的幼虫生活在各种各样的淡水栖息地，其中多数生活在温度适宜、不断流动的活水中。这些幼虫在水中生活的时间有长有短，短的在水中待几个星期，长的则会待一年的时间。蜉蝣幼虫长相很特别，在腹部末端有2~3条的长"尾巴"，身上有很多鳃，多的可以达到9对。它们就通过鳃的运动来呼吸，先打开鳃，吸进水流，然后再排出。有趣的是，不同种类的蜉蝣，其鳃的用途也不同。它们当中有的用鳃来做自己的"桨"，帮助自己游动；有的则用鳃来采集食物，只要猛力一吸，把水过滤掉，就能留下食物。

蜉蝣在稚虫阶段会进行10~50次的蜕皮，之后才会变为成虫。这种多次的蜕皮对蜉蝣来说是非常有意义的。它们多次的蜕皮会使它们尾部和腿变得更长，长长的尾巴可以使它们的飞行更加平稳，细长的腿则更有助于它们繁衍后代。不仅如此，通过多次蜕皮，蜉蝣的翅膀上会形成很多的防水短毛，保护它

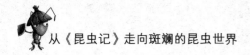

们不被水淹死。

朝生暮死

蜉蝣的稚虫经过在水中一段时间的生活，终于要长成成虫了，当它们成长发育到半成熟时，胸部背面便长出了发达的翅芽。到了夜晚，稚虫们便顺着水边的植物茎秆爬出水面，一边休息一边脱下自己的"外衣"，这样它们便从稚虫变成了成虫。成虫的外形与稚虫不同，它们的触角很短，眼睛很大，身体细长，并伴有两对大而脆弱的翅膀，身后拖着两根比身体长一倍的尾须。这就是一只成年蜉蝣的外貌。

在白天，蜉蝣就藏在杂草丛中休息，不参与任何活动。而傍晚却恰恰相反，它们在水边成群结队地飞舞，不停地寻找自己的另一半，只要找到，便马上进行交配，因为它们知道自己的

蜉蝣类的代表物种

1. 蜉蝣的亚成虫或其成虫前的阶段，俗称"讨债鬼"，以能在飞行中捕食而著称。2. 二翅蜉，是一种在花园池塘和其他静止的水体中很常见的欧洲物种。3. 图中是处于亚成虫阶段的末龄鸭绿蜉蝣，这种蜉蝣的若虫需要两年多时间才能发育成熟。

蜉蝣在湖面羽化后进入短暂的成年时期——它们生命周期的顶点。此时它们紧张而又繁忙，通常只有1天或更短的时间去找一个伴侣繁衍后代。

生命很短暂，容不得片刻歇息。蜉蝣爸爸在交配完后，也就结束了生命；蜉蝣妈妈则在生完小蜉蝣之后，离开这个世界。它们的身体漂浮在水面上，成为鱼儿们美味的晚餐。这便是蜉蝣们短暂的一生，清晨来到这个世界，晚上便离开。上天对蜉蝣的恩赐只有一天，这既是它们获得新生的喜悦的一天，也是让它们感受人生苦短忧恨的一天。它们在这一天用尽生命的力量舞蹈，直到再也无法飞舞在天空。一日光阴，朝生暮死，这是它们的宿命，而黄昏夕阳为它们拉开的舞幕，却让它们今生无憾。

衣　鱼

气候潮湿的时候，书橱里的书都发霉了，于是你准备将书籍搬到阳台晾晒。谁知随手翻开一本书，几条惊慌失措的小黑虫迅速夺路而逃，把你吓了一跳。这些躲在书里面的小黑虫就是衣鱼。

活化石衣鱼

衣鱼是一种原始的无翅昆虫，是缨尾目中最常见的一种昆虫。衣鱼的体型有的稍圆，有的稍扁；头部有一对丝状触角，腹端有两条尾须和一条中尾丝，尾端如圆锥状；身长约5~20毫米长，因为全身覆盖着鱼一般细密的银色鳞片，体型和鱼也有点相像，所以得名衣鱼。说衣鱼"原始"，是因为早在3亿年以前，衣鱼就已经在地球上存在了。但是直到3亿年后的今天，衣鱼的体型和结构都没有太多进化，可以说，现在的衣鱼和大熊猫一样，都是活化石。

衣鱼广泛分布在世界各地，已知种类共有大约250种，我国已知的有20余种。它们中的大部分都是两性繁殖，少数土衣鱼科没有雄性，只能单性生殖。由于衣鱼昼伏夜出的特性，目前人们只观察到一些常见衣鱼的交配行为。一般来说，交尾前雄性衣鱼会先跳一段"舞蹈"，然后产下一个用薄纱包住的精囊。生理状态成熟的雌衣鱼会找到该精囊

图中大量的海滨衣鱼正围绕着一只海螺。这种情形在光滑平整的海岸岩石的隐蔽处很常见。海滨衣鱼行动敏捷，为了逃避危险，能跳得相当远。

进行受精，并将卵产在隐秘的缝隙中。幼虫孵化后，经过10次蜕皮发育成成虫。环境温度和食物供给对幼虫的发育有很大影响，根据条件的不同，衣鱼从幼虫变成虫块所需要的时间，从四个月到三年不等。衣鱼在生长过程中会不断地蜕皮，一生可蜕皮30多次，寿命为2~8年。

衣鱼喜欢在阴暗、潮湿、发霉的环境中生活。如久不清理的书橱、衣柜、冰箱底部、地板缝隙等等。自然环境中的衣鱼生活在湿地、石块下、树皮下、苔藓里等。衣鱼是杂食性昆虫，以吃含淀粉的东西为主，但是对棉花、亚麻、布匹甚至是昆虫的尸体、自己脱下的皮都能饱吃一顿。不过衣鱼又很能挨饿，即便数个月不吃东西，身体机能仍然完好。

衣鱼在昆虫中算是比较弱小的一种，因此常常成为其他昆虫的盘中餐。但是衣鱼也有一套自己的护身术。为了防止蜘蛛、蝇虎、地蜈蚣等天敌的捕食，衣鱼在停息时总是不停地摆动自己的尾巴，诱使天敌将注意力集中到尾巴上来，尾巴一旦被抓住，分节的尾毛便马上断掉，然后自己逃之夭夭。

天生的书虫

衣鱼在日常生活中又叫蠹、蠹鱼、书虫。这是因为不少种类的衣鱼都对书情有独钟，它们以书为家，在书里面度日、繁殖，即便死了，尸体还是在书里。家里的书橱和图书馆的书库，如果管理不够完善，那些古籍、善本、珍本、报刊很容易就会遭到衣鱼的蛀蚀。别看衣鱼小小的，其危害不容小觑。有时候，一本遗落在角落的图书就能成为其滋

图中是一只正在地毯上爬行的衣鱼。其名称来源于它遍身鱼一般的细密银色鳞片。衣鱼遍布全世界，在房屋中很常见，以淀粉为食，例如装订书所用的胶。如果需要，还能不吃不喝好几个月。

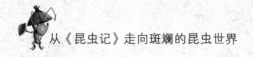

小小衣鱼有药用

　　宋代中药著作《本草衍义》中记载："衣鱼，多在故书中，久不动帛中或有之，不若故纸中多也。身有厚粉，手搐之则落，亦啮毳衣，用处亦少。其形稍似鱼，其尾又分二歧，世用以灭瘢痕。"现代人用衣鱼做成白鱼散，治疗小便不通和各种小儿疾病。看来，衣鱼并不是大家眼中只会啮食书籍和衣物的害虫啊。

生的温床，它们在书里面日夜啮食，书就会被蛀蚀得千疮百孔，甚至化为粉末。

　　虽然衣鱼啮食书籍的行为让人十分厌恶，但在古代，很多读书人都对它们有所偏爱。宋朝大诗人陆游就曾经在《灯下读书戏作》中自比蠹鱼，说蠹鱼一生读书，乐自心底，不顾人笑，勤学到老。又有人说："衣鱼的一生都在和书打交道，它们一出世，一睁开眼睛，就面对着书本，比任何伟大的作家或学者都要早得多。当它们死去时，它们仍和书在一起。"其实衣鱼哪里知道读书的真意，它们享受的不过是一页页纸张的味道罢了！

　　衣鱼虽然经常侵犯人类的居所，破坏人类的书籍、衣物等，但对人类健康却是没有危害的。如果遭到衣鱼的困扰，你只要保持室内环境通风干燥，将有缝的地方用无机材料封住，就能有效扼制衣鱼的生存了。

蠼 螋

每当夜幕降临，人类世界逐渐回归宁静，昆虫世界却是一片繁忙，蟋蟀和蝈蝈在摩擦着翅膀，飞蛾们聚集在路灯下，甲虫步履蹒跚得像是在找寻着什么……然而在这些活泼的生命当中，却有一个行色匆匆的过客，它长着一个三角形的小脑袋，两只短短的硬翅，身体扁平，最吓人的是腹部末端还拖着两个骇人的钳子，它是蠼螋，俗称"尾铗子"。

我有钳，但我很温柔

蠼螋俗称"地蜈蚣"，在日常生活中很常见，卫生间和厨房是它们喜欢去的地方。但蠼螋的名声却不怎么好。民间有这样一个传说：蠼螋喜欢趁人睡觉的时候，从人的耳朵里钻进去，慢慢地从耳朵开始在人的身体里大吃大喝，吃到大脑的时候，这个人就会疯掉，然后死去。

由于尾部长了钳子，样子吓人，再加上它会钻进人的身体里吃人脑的传说，所以大部分的人都觉得蠼螋是一种恐怖的虫子。看到它的人都会吓一跳，生怕被它的尾铗夹到，因为它的毒液肯定比蜈蚣更毒，要是被咬就必死无疑了。

然而，蠼螋的样子虽有些吓

图中显示3种不同类型的蠼螋。扁长的体形及多用途的尾铗是该目昆虫的典型特征。从上到下依次是环足蠼螋（图1）、欧洲蠼螋（图2）和茶色蠼螋（图3）。

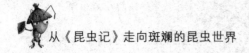
人，但其实它们是一种充满温情的小昆虫。大多数的蠼螋都是以花瓣和植物的叶子为食的素食主义者，少数蠼螋虽然食肉，但它们却能捕食很多害虫，对人类来说是不折不扣的益虫；虽然天生长着一副大尾铗，但它们很少用尾铗攻

一只趴在树叶上的澳大利亚蠼螋。

击外界。在遇到骚扰的时候，蠼螋很少会主动攻击对方，它更多的是选择逃跑，如果来不及跑就先装死，然后再逃命。只有在万不得已的情况下，蠼螋才会举起钳子示威一下，同时身体里也分泌出一股臭气来御敌。蠼螋尾铗的最大功能还是体现在交配过程中。

每年的夏末或秋初是蠼螋繁殖的季节。这个时候，雄性蠼螋就会四处走动，寻觅梦中情人，一旦遇到合适的对象就立刻追上去，施展浑身解数求爱。雄蠼螋用尾铗敲打雌蠼螋的触角、头部或身体的其他部位。如果雌蠼螋以尾铗夹住雄蠼螋的尾铗、微摆腹端或提起腹部，就表示接受了雄蠼螋的求爱。雌性在选择较为满意的对象时，会选择尾铗较大的那个。它们交尾的时候，就是尾巴对尾巴地进行。

昆虫界的慈母

交配完成后，雄蠼螋会立即离开，并且很快死去。而雌蠼螋的寿命则相对长很多，因为在今后的日子里，它们还要肩负起养儿育女的重任。它们在一个"巢穴"中一次产下几粒到几十粒卵。这个巢穴通常是在石头或木头下。产卵前，雌蠼螋会用口腔中的分泌物把整个洞穴收拾平整。产卵后，母亲则会伏在卵上保护卵的安全，就像母鸡孵蛋一样。

你一定不知道的！！！

小小蠼螋竟有备用生殖器

雄性蠼螋很独特，它们的独特之处在于它们竟然有两套生殖器，这在昆虫界极其罕见。为此，科学家对蠼螋做过仔细地观察。他们发现雄蠼螋的阳茎都很长，有的甚至比自己1厘米长的躯干还长。然而，它们的阳茎却又非常脆弱，交配时很容易就折断了。当一条阳茎折断时，另一条立即就被派上了用场。

为了保持卵的清洁，雌蠼螋每隔一段时间就会把卵上下舔一遍，清除卵上的真菌和寄生物。卵的孵化期约为四周，一旦卵孵化，母亲们会继续留在巢穴照顾幼虫，它们外出为孩子们寻觅食物，甚至把自己吃下去的食物反刍出来喂养孩子。

当有外来入侵者的时候，雌蠼螋会表现出很强的攻击行为，绝不轻易放弃自己的孩子。但如果是别家的小蠼螋误闯进自己家的时候，蠼螋妈妈不但不会驱逐它们，反而会将它们当作自己的孩子一样抚养，可见在蠼螋的世界里，母爱真是伟大啊！

不过蠼螋的母爱也有期限，幼虫要是经过数个龄期，长大成成虫之后，雌蠼螋的母性本能就会突然消失，会吃掉那些还没来得及离开巢穴的不幸幼虫。蠼螋在发育成熟前要经过5个龄期，这个过程可能要花上一年的时间。在热带地区，这个时间可能会缩短至6周。

石　蝇

春天里，万物生长，我们也要趁着这明媚的春光，好好活动活动了，要不就到郊外寻找一些记忆中的小虫子吧。在清澈的溪水旁边，干净的岩石上，一定能找到带着透明翅膀的石蝇呢！

清净溪流的指标

石蝇俗称石蛆，是约1550种翅目昆虫的统称。石蝇是一种灵巧的软体昆虫，外观很统一，体长3~50毫米，它的成虫大部分都有完整的翅膀，也有一些成虫翅膀很短，或者干脆没有翅膀。

石蝇的幼虫一般栖息在河川、溪流或者湖泽中，而水域的水温和栖息条件对石蝇的分布会产生影响。有些种类的石蝇幼虫可以生活在水温较暖、水流平缓的溪流中，但大多数种类的幼虫只栖息在水温不超过25℃的水域中。石蝇的栖息地也是多样的，溪流、河川上游的鹅卵石，山路旁边干净泉水里的落

襀科包括一些最大型的石蝇，它们在丘陵地区多石且湍急的河流里繁殖后代，体后有很长的尾须。

叶，甚至是潮湿的山壁，都可以成为幼虫的栖息地。羽化成虫后，它们则会移居到岸边的苔藓或者落叶下。

虽然水温和栖息条件会影响石蝇的分布，不同种类的幼虫对水质的要求也不一样，但它们有一个共同的特点，就是要在干净的而且溶

氧量充足的水中生存，而且它们对化学污染物质非常敏感。如果有毒物质或者有机物氧化使得水中溶氧量不足，石蝇则无法生存。所以在一条溪流中，是不是有石蝇生存，就成了该溪流是不是干净无污染的指标。

此外，除了监测水质，石蝇还是淡水食物网中的重要组成部分。它们是很多昆虫和鱼类的主要食物来源，尤其是蛙和鳟鱼。

一生只为繁殖

羽化成虫后的石蝇寿命都很短暂，根据环境和种类的不同，其寿命只有几天到四周不等。它们生命的全部意义就在于繁殖后代。

成虫石蝇几乎不怎么吃东西，它们唯一专注的事情就是寻找配偶，然后立即交尾。石蝇通常在白天交尾，此时，雄雌石蝇一般会先来一场"鼓乐二重奏"。雄性会用腹部轻轻敲打某物（如落叶、木头碎片或植物等），打出特有的鼓点，以此来吸引异性。作为回应，雌性也会敲出对方能够听得懂的声音。石蝇的这种行为被称作"打鼓行为"，生物学家认为，石蝇的打鼓行为主要作

图中，一对黄色的网襀科突围石蝇正在水生动物上交配。许多种石蝇雄性个体的翅膀都大大退化了。

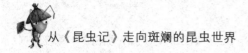

用在于确认彼此之间的距离、方向和种类是否一致。

不同种类的石蝇，其打鼓行为也有不同。某些大型石蝇打出来的声音，就算隔着很远的距离都能听到；某些种类则会将这种声音由空气传播变为地面传播，以防止引起敌人的注意。而且不同种类石蝇的打鼓信号也是不一样的，有些雄虫一生都在打鼓，但却只有从没交配过的雌虫会打鼓回应。

图为一只石蝇正在溪水旁边羽化。石蝇在成虫前会经过多次脱皮，在多数种类为1年，少数为4年的时间里面，它们会脱皮30多次。羽化为成虫后，石蝇就只有几周的生命了。

 你一定不知道的！！！

史前巨型昆虫是怎样灭绝的

大约在3.54亿到2.9亿年前的石炭纪时期，地球上曾经生活着许多巨型昆虫，例如翼展长达75厘米的巨型蜻蜓。但是后来这些巨型昆虫都灭绝了，而其灭绝原因一直是生物学界的一个谜。近年来，有科学家以石蝇做为研究对象，发现这些远古巨型飞行昆虫的灭绝，可能与它们的幼虫在水中获得氧气的数量有关。3亿年前，地球上氧气水平很高，昆虫们需要更大的躯体来适应这种环境，后来地球气候变化，氧气水平降低，巨型昆虫的幼虫因为无法获得充足的氧气而大量死亡。

蚱蜢

在那些欢乐的童年时光，如果说哪个小朋友没有捉过蚱蜢，那么绝对算得上是一件童年憾事。

跳跃健将

蚱蜢是活跃在乡下田野中的一种常见昆虫，专门啃食农作物的叶子。对于农民来说，蚱蜢绝对是一种害虫。不过，对于孩子们来说，蚱蜢可是最好玩的虫子，因为它们有着一对强而有力的大腿，能迅速跳到很高的位置，捉起来还有一些难度呢。所以捉蚱蜢往往就成了孩子们的乐趣。

究竟蚱蜢为什么能跳高？它们的大腿有什么特别之处？其实，蚱蜢和其他昆虫一样，有6条腿，但是它们的后腿比前腿都要长很多，后腿上部在坚硬的外骨骼里面长着厚实而耐劳的肌肉，里面储存的大量能量能够迅速释放出来。这样的后腿并不适宜走路，但却十分适宜跳跃。当蚱蜢准备跳跃的时候，它的两对前足会将身体的前半部分撑起来，后腿弯曲，然后突然伸直，把自己射向空中。遇到紧急情况的时候，蚱蜢的这一弯一蹬能跳出半米多高，相当于自己身长的十几二十倍。如果有人想要捉住它，则很可能会被它强有力的后腿刮伤，甚至流出

常见蚱蜢

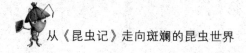

血来。

像所有直翅目的昆虫一样，蚱蜢需要保持身体的温度才能生存。如果环境太冷，它们就会冻僵。细心观察蚱蜢的跳跃活动，通常是在午后最为激烈，而在凉爽的早晨则基本看不见，这是因为中午是温度最高的时候，蚱蜢的体温也会升高，然后变得活跃，而早晨则相反。

被动的自我保护

作为动物世界里面的弱小群体，自我保护是昆虫们必备的生存技能。蚱蜢的敌人很多，包括无脊椎动物如蜘蛛或其他昆虫，也有脊椎动物如蜥蜴、青蛙和鸟类等。面对强大的敌人，蚱蜢也有自己的一套逃生方法。

第一个方法，就是将自己混入周围的环境当中。很多蚱蜢都是绿色的，那是因为他们大多生活在田野的绿色植物当中，但不同环境中的蚱蜢也会有不同颜色的外衣。它们能随意将自己伪装成有病害的树叶、树皮、烧伤的树干、地衣、石头和沙子。第二个方法是，颜色鲜艳的蚱蜢会故意摄入一些有臭味的树叶，例如桉树的叶子，然后又呕吐出来，涂在自己身上。如果敌人准备把这种带刺激性气味的蚱蜢吃进去时，往往会因为实在"太难吃了"而又吐出来，蚱蜢借机就可逃之夭夭。甚至于，以后敌人们一看见这种颜色鲜艳的蚱蜢，就会联想到上次不愉快的进食经验，从而判定那是难吃的食物而放弃捕捉了。虽然蚱蜢不像其他动物一样会自卫反击，但是这两种被动的自我保护还是起到了很好的作用。

草蜻蛉

夏天，人们在田间漫步时，常可看见一种色泽翠绿、身体柔软、长着四个大而透明的翅膀的昆虫，或停在植物上，或缓飞于空中，这就是著名的蚜虫杀手——草蜻蛉。

捕食蚜虫的能手

草蜻蛉是一种捕食性昆虫。据统计，草蜻蛉能捕杀粉虱、红蜘蛛、棉蚜、菜蚜、烟蚜、麦蚜、豆蚜、桃蚜、苹果蚜、红花蚜等多种蚜虫，另外，草蜻蛉还吃各种害虫的卵。因为草蜻蛉能捕食消灭大量的农业害虫而为人们利用。1975年，河北省有一个果园爆发了大规模的红蜘蛛病害，人们突发奇想，用人工养殖草蜻蛉然后放在果园里的方法除害，结果红蜘蛛病害果然得到了有效的控制，真是既环保又节省成本。

草蜻蛉是完全变态发育昆虫，一生中有卵、幼虫、蛹和成虫四个发育阶段。卵期和蛹期的草蜻蛉是不能捕食的，主要的捕食阶段是在幼虫和成虫时期，其中，草蜻蛉在幼虫时期的捕食量惊人，因此被人们称作"蚜狮"。虽然蚜狮没有翅膀，不能

草蜻蛉蚜狮

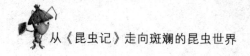

随意飞翔，但是它们会在植物上到处爬行，寻找食物，一旦发现猎物，便张开自己的大嘴巴将目标紧紧夹住。蚜狮的上下颚能够分泌出消化液，消化液顺着上下颚流到猎物身上，将它们的身体组织溶解掉，然后蚜狮迅速将溶液吸得一干二净，只剩一个空空的外壳。蚜狮胃口很大，一天能吸食上百只蚜虫，一只蚜狮在整个幼虫期可以消灭蚜虫上千只，真是了不起！

疑似优昙婆罗花

2010年3月，有媒体报道江西庐山发现了与佛经记载十分相似的优昙婆罗花。传说这是3000年才开一回的仙界极品之花。但是经专家鉴定，这种疑似优昙婆罗花的植物花朵，其实是草蛉蛉的卵。

草蛉蛉的卵在昆虫中是比较特殊的，它们都有长长的丝柄，往往十多颗聚在一处，看上去像一丛花蕊，十分美丽。难怪很多人都误认为它们是花。不过草蛉蛉让每一颗卵都长有丝柄可并不是为了美观，而是出于保护卵安全的需要。产卵的时候，草蛉蛉会分泌出一滴特殊的黏液，然后迅速拉出一条比头发还细的丝线。这种液体会在几秒钟之内在空气中固化，而且非常结实有弹性，横向强度是蚕丝的三倍。草蛉蛉在变硬的丝尖上产卵，以保护卵免受其他昆虫的袭击。

草蛉蛉的卵有的会数十颗集中在一片，有的则会单独散产，还有的种类会十几颗产在一根丝上，颜色有的白色，有的翠绿色，煞是好看。3~4天后，这些卵便会"开花"，幼虫在卵壳里面停留一两个小时，等到身体在空气中变硬了，便敏捷地顺着丝柄滑下来。草蛉蛉一般会选择在蚜虫密集的地方的植物上产卵，这样，刚出生的小幼虫便能立即捕食。但是由于环境的破坏和变化，以及为了保证后代的安全，草蛉蛉也会在木头、玻璃、金属等物体上产卵。不过，如果周围没有足够的蚜虫供幼虫捕食，幼虫们也有可能因此而自相残杀起来。

蝎 蛉

如果不仔细观察的话，大自然中有很多昆虫长得很像蚊子。有时候，我们在一些环境比较好的树林里看到的一种叫蝎蛉的昆虫，看上去就很像一只大蚊子。

吃死虫的珍贵昆虫

蝎蛉属于昆虫纲中的张翅目昆虫，一般生活在亚热带或温带的森林中、峡谷或者植被茂密的地方。它们是肉食性昆虫，以软体的昆虫死尸为食，只有极少部分能捕食活的小昆虫和刮食苔藓为食，在食物缺乏的时候也会自相残杀。虽然吃死尸的行为有点恶心，但是蝎蛉确是一种十分珍稀的昆虫，因为蝎蛉在全球只有500种，相对于其他昆中来说，队伍是很小的了，而且每一种蝎蛉的数量又都很少。它们只会生存在环境纯净，未受污染的树林里，所以平时是难得一见的，是很重要的环境无干扰指示性昆中。

蝎蛉喜欢吃肉，但是自己又很少捕食，那它们的食物都是怎么得来的呢？说起来，蝎蛉获取食物的方法是很危险的，那就是守候在蜘

蝎蛉这个俗称是因为蝎蛉科雄性昆虫球根状的微红色生殖球囊而得。球囊与蝎子的针非常相似。图中这只常见蝎蛉的球囊在尾部很醒目地向上翘着。

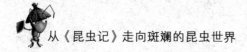

蛛的附近，一旦有小昆虫落入蜘蛛的法网，蝎蛉就偷偷地进入网内，小心地不让自己被网网住，然后将食物偷出来。想想蝎蛉体型也不算小，怎么也有1厘米长，是很难不被蜘蛛发现的。一旦蝎蛉在偷取食物的时候被蜘蛛发现，它们便会吐出一种液体，防止双方在扭打的时候被网粘住。虽然蝎蛉有自己的反击方法，但这样做毕竟是危险的，一旦反击失败，自己也会成为蜘蛛的额外战利品。事实上，有很多蝎蛉的生命，就是结束在蜘蛛网上的。

求偶会送礼

蝎蛉的求偶行为十分有趣，雄性会用食物来讨取雌性的欢心，以获得交配的机会。一般来说，蝎蛉的交配行为发生在温度较高的中午，雄性蝎蛉用自己的喙戳住猎物，飞去一个可供休息的地方，期间它会用自己的喙一直挑着这份用来求偶的礼物。然后同种的雌性蝎蛉会被雄性的分泌物吸引前来。此时，雄性便会将自己的礼物送给眼前的雌性，当雌性享用这份礼物时，交尾便发生了。

但雌性并不是每次都会接受礼物的，这要取决于雄性提供的食物是不是有足够的营养，让雌性产下成熟的卵。一般来说，礼物越大，雌性愿意交配的概率就越高。如果实在没有食物作礼物，雄性会从口中吐出一颗富含营养的液态球献给雌性。交尾过程大约为20分钟，分手后，雄性会将雌性没有吃完的求婚礼物吃光，或者留下来继续讨别的蝎蛉的欢心。

对于那些既找不到食物，又不想吐出营养液球的雄性来说，还有一个办法取得交配，那就是"抢"。有些是抢别的雄性的礼物，有一些是将交尾进行中还没来得及受精的雌性赶跑。看来，在蝎蛉的世界里，求偶真是一件充满了手段、暴力和血腥的事情啊。

龙虱

龙虱是一种生长在水中的甲虫，因为长得像蟑螂，因此又被人们称之为水蟑螂。如果说到这你还没有印象，那么想想你是不是曾经在饭店的水箱里，见到过一种指甲大的黑色甲虫，一堆堆养在浅水里，那就是龙虱，一种珍贵的水生食用昆虫。

潜水能手

龙虱主要生活在我国南方的水田、小溪中，它在水里能游，出水后能飞，很是奇特。虽然有"水蟑螂"的称谓，但仔细观察，龙虱和蟑螂还是有很大差别的。蟑螂是深茶色，龙虱则是黑色，而且外壳光滑，像一层刷了漆的盔甲。

水生昆中一般都有着精湛的游泳和潜水技术，而龙虱就是其中杰出的一种。龙虱的远祖原来是生活在陆地上的，后来由于地壳变动而转变为水生，所以龙虱仍然保持着祖先呼吸空气的特征。但为了适应水下生活的环境，龙虱经过长期的进化，身体又多了一样祖先没有的东西——贮气囊，这个贮气囊有着"物理鳃"的功能，里面储存着足够的氧气，供龙虱在水中活动，而且当龙虱在水中上下游动的时候，它还有定

龙虱

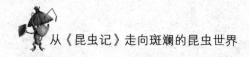

位的功能。当贮气囊的氧气用完，龙虱便浮出水面，前翅轻轻抖动，把囊中的二氧化碳废气排出去，然后装满新鲜的空气，再一次潜入水中。

怎么样，龙虱的潜水原理和我们人类的潜水原理是不是很相像呢？不过，一定要比较的话，还是龙虱的潜水技术更好。龙虱的这一套潜水工具能够保证它长时间潜在水底，即便是冬季，在很厚的冰层底下，它都不会因为缺氧而死。等到漫长的冬季过去了，池塘顶层的冰雪融化，龙虱还可以自由地在水中游泳。

除了潜水，龙虱还是一个游泳高手，它们游泳的速度很快。龙虱体型圆巧，流线型的身躯活像一艘快速行驶的潜艇。两对长扁的中后足上长着长长的游泳毛，划起水来速度极快，这让它们追逐起猎物来反应更加灵敏。凭着高超而灵活的游泳技巧，龙虱敢主动攻击比自己大几倍的鱼类和蛙类。一旦猎物被咬伤，附近闻到血腥味的龙虱就会蜂拥而至，一起狂吃起来。它们很贪吃，如果可以的话，它们会一直吃到身体在水里浮都浮不起来为止。

水中珍馐

成年的龙虱体型一般不超过5厘米，但是它们性情却十分凶恶，能捕杀各种水中昆虫，甚至是比自己大出几倍的鱼虾。它们严重危害了育苗的存活，因此养鱼的人一般都会对它们进行捕杀。虽然龙虱让渔民深恶痛绝，但它们有时也被视为餐桌珍馐，特别是在广东沿海一带，吃龙虱已经成为一种风尚。

广东人食用龙虱的历史悠久，据明代屠本畯著《闽中海错疏·介

餐桌上的美味

部》中记载："龙虱，似蟑螂而小，黑色，两翅六足，秋月暴风起，从海上飞来，落水田或池塘，海滨人捞取，油盐制藏珍之。"现在，龙虱的吃法已经有几十种，其身影遍及广州各大小餐馆，且价格不菲。

根据现代医学验证，食用龙虱并不是因人们口味怪异而为之，而是因为龙虱确实有很高的药用价值，它对降低胆固醇、防治高血压、肾炎等都有一定的功效。在广东民间就有用龙虱治疗小孩子尿床的偏方。正因为龙虱的美味以及它神奇的功效，野生的龙虱遭到大量捕杀，现在野外已经很少见到龙虱的身影了。市面上的龙虱基本上都是人工养殖的，而这些人工养殖的龙虱都是一些好吃又好看的品种，其他品种逐渐被人们淘汰掉，整个自然界中的龙虱种群面临着灭绝的危险。

你一定不知道的！！！

各国喜欢吃的虫子

人类食用昆虫历史悠久，在食物匮乏的时代，人们以昆虫为食补充能量，现代人食用昆虫则是因为昆虫具有蛋白质含量高、营养成分更加容易吸收等优点。世界上很多国家和地区都有食用昆虫的习惯。比如大洋洲中的土著人喜欢吃白蚁、蝗虫，昆虫是它们重要的食物，因此连图腾中都有很多是昆虫；非洲的坦桑尼亚、津巴布韦等国家喜欢吃蟋蟀；欧洲人吃蝗虫、金龟子等；墨西哥人食用的蚜虫多达370多种；巴基斯坦人吃飞蛾；而我国、东南亚还有日本则好吃蜂蛹、蝉蛹、蝗虫、负子蝽、龙虱等昆虫。

负子蝽

在乡下许多鱼塘边或者田间的水沟里，我们有时候可以看见一种较人指甲大一点的灰黑色虫子，它们一会儿在水底潜行，一会儿爬到岸上，一会儿又突然潜入水中。它们中的一些看上去很吓人，因为它们的背部长着密密麻麻的疙瘩，非常恶心。如果你以为它们背上的疙瘩是怪瘤什么的，那你就错了。其实这种水生虫子叫负子蝽，背上的疙瘩其实是它们的虫卵。

全职爸爸

我们看见的背部背负着虫卵的负子蝽是雄性负子蝽。在昆虫世界里，大多数的孵卵和抚养幼虫的任务都是由雌性负责的，然而在负子蝽家族中，养儿育女的重任却是由雄性担负的。雄性负子蝽会把虫卵背在自己背上，直到虫卵全部孵化。它们之所以这么做，是因为水中很多生物都喜欢以幼虫和虫卵为食，为了保证下一代的安全，雌负子蝽就把卵产在雄负子蝽的背上，让虫卵时刻在父亲的保护之下，由此可见负子蝽的用心良苦。

在广阔的池塘中，两只成年异性负子蝽相遇了，经过短时间的磨合，它们结了了夫妻。交尾之后，雌虫便爬到雄虫的背上，用前足抱紧雄虫，将卵整齐地产在雄虫背上，并且一边产卵一边分泌出大量的黏液，使得一颗颗虫卵牢牢地固定在雄虫背部。产

负子蝽

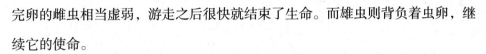

完卵的雌虫相当虚弱，游走之后很快就结束了生命。而雄虫则背负着虫卵，继续它的使命。

雄虫会背着虫卵在水中游来游去，这样既可以躲开敌人的攻击，又能寻找食物。虫卵孵化对温度有一定要求，所以负子蝽不会游到太寒冷的地方。有些时候，它们会游出水面，让虫卵吸收一下氧气，可谓无微不至。数日之后，虫卵终于孵化了，一只只小负子蝽破壳而出，而雄负子蝽也完成了自己的使命，不久之后便会死去。

强大的猎杀

负子蝽是一种比较凶猛的水生肉食昆虫，它们体型通常很庞大，长约15~17毫米，接近陆地上的一些大甲虫。它们的前脚长得像一把弯钩的镰刀，非常有力，是划水和捕捉猎物的工具。它们的中、后足较细，长有排状的游泳毛，其后足形如船桨，方便划水。

负子蝽以捕食水中的其他昆虫、蝾螈、小鱼、小虾、蝌蚪为生。它们经常一动不动地静卧在水底，用一些伪装物掩盖在自己身上，等到猎物靠近的时候便迅速喷射出一股强大的消化唾液。这种唾液能够融化动物的肌肉组织，如果人类不小心被喷，则有可能造成永久性的损伤。负子蝽没有咀嚼器，但有一个针状的口器。它们食用猎物的方式和蝉相似，就是用这个针状口器刺进食物的身体，吸取被消化液溶解了的猎物残骸。

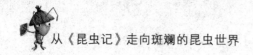

蝼　蛄

在昆虫世界中，蝼蛄是一个能疾走，能游泳，能飞行，能挖洞和能鸣叫的全能昆虫，虽然它说不上样样精通，但要说五项都能做到的昆虫中，它还真是绝无仅有的。

蝼蛄的五项全能

提起蝼蛄，一般人可能不大熟悉，但如果提起土狗，想必很多人都知道。对！蝼蛄就是那挖土十分厉害的土狗。蝼蛄是一个天生的高效挖土机，它挖土的本领，完全得益于它长了一对又粗又大的前足，而且这对粗大的前足上面还生出一排大钉齿，好像是专门用来挖土的钉耙。挖土前，蝼蛄先用这对大前足将土掘松，然后用自己尖尖的头顶在松软的泥土上，中后足发力把全身往前推，使劲往前钻，于是泥土就被身躯挤到了一边。蝼蛄就这样不停地挖啊，钻啊，挤啊，循环动作，遇到坚硬的地方就让开，虽然挖得弯弯曲曲，但毕竟一条条隧道都挖成了。

蝼蛄建造的地下隧道，浅的有十来厘米，深的能达一两米，而且蝼蛄的挖土效率很高，一夜之间就能挖出200~300厘米长。这些隧道可以从地面上的一端到达另一端，地下部分也是纵横交错，中间连接了很多小洞。这些小洞分别是蝼蛄的产卵房、育婴室、储粮仓，可以说家虽简陋，但是样样俱全。有了这样的家，它们便可以在温暖湿润的地下，舒舒服服地度过一个快乐而漫长的冬天了。

除了挖土的本领，蝼蛄还能唱歌、游泳、飞翔。蝼蛄的"歌声"是一种低沉的"咕咕"声，说实话，那声音和蟋蟀、蝈蝈的歌声是不能比的，不过蝼蛄唱歌也不是为了讨好大家，只是作为求爱的信号而已。在过去的乡下，每逢插秧的季节，农民们用水灌满了田地，也把蝼蛄的家冲毁了，

蝼蛄

于是这时往往能看见许多蝼蛄逃出地面。它们有的游泳到岸边，然后迅速疾走跑掉；有的飞出水面，飞向有亮光的地方。这么看来，蝼蛄还真是一个五项全能的健将啊！

护卵行为

蝼蛄对生儿育女是有一个长期规划的。在五六月的时候，蝼蛄会大量进食，这样做是为即将到来的频繁交尾储备能量。同时，雌性蝼蛄开始在地底开挖出一个约三厘米宽，七厘米长的"产房"。这个"产房"紧贴地表，这么做是为了方便将地面上的杂草等物搬运进去。之后，蝼蛄就用这些杂草均匀地铺满整个洞穴，保证产房的舒适。蝼蛄在产房里产下40~50颗卵后，为了保证卵和孵出的幼虫的安全，会用泥土把通道的口堵死，这还不算，它们还要在地面围绕产房两厘米的距离，挖出一条小沟，挖出的泥土则全部堆到产房上面，看上去就像一个小土堆。卵和幼虫待在这样一个地方，真是既温暖又安全。蝼蛄的卵会在十天左右孵化，刚孵化出来的小虫是乳白色的，三天后逐渐变为褐色，并具备了完全的活动能力，它们吃蝼蛄妈妈为它们准备好的杂草充饥，吃完杂草后，小蝼蛄的能力更强了，它们破土而出，开始独立的新生活。

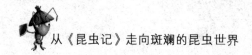

水　黾

水黾俗名水母鸡，喜欢生活在平静的池塘里，它能用四条细如长针的腿脚，在水面上行走自如而滴水不沾。

池塘中的溜冰者

水生昆虫水黾，有"池塘中的溜冰者"之称，这是因为它们不仅能在水面上自由滑行，还能像溜冰运动员一样在水面上优雅地跳跃。但是无论怎么滑行和跳跃，水黾既不会划破水面，也不会弄湿自己的腿。究竟水黾是怎样练就一身"水上轻功"的呢？

科学家为此特地将一只水黾放在高倍显微镜下观察，发现水黾的脚上长了无数的刚毛，沿同一方向多层排列着。这些刚毛很细，直径大约只有3微米（人的头发直径是80到100微米）。刚毛表面形成螺旋状纳米结构的凹槽，空气被吸附在凹槽表面，形成气泡膜。水黾就是因为脚上的气泡膜而在水面上自由滑行，而不会湿脚的。再加上水黾本身重量小，一只中等大小的水黾重大约只有30毫克，比水轻得多了，所以水黾不会冲破水表的张力而陷入水中。水黾靠着它们的多毛腿，一次能够在上面划出4毫米长的波纹。

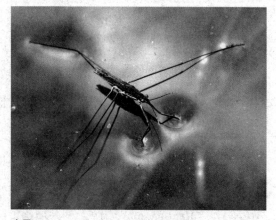
水黾

科学家将水黾多毛腿的这种

特性称为超疏水性。这种靠在表面形成气泡膜，而阻止水滴浸润的特性，使得水黾在水上行动自如，而且即使遇上暴风雨，也不会被打入水底。科学家受此启发，将来或许可以设计出一种新型的微型水上交通工具，或者可以应用在防水纺织品生产中，甚至让人也能在水上行走。

快速的捕食者

水黾的食物来源，为不小心掉落在水面上的小虫，如蚊子、苍蝇等。水黾有三对足，且三对足的分工明确，前足用来捕食，中足用来划水和跳跃，后足用来在水面滑行。每当有食物落入水中，它们足上非常敏感的器官便会让它们感受到落入水中的昆虫的挣扎，然后它们通过滑动中间的一对足迅速来到食物旁边。水黾的滑行速度可以达到1.5米/秒，此外，它们还可以做30至40厘米的跳高和跳远。

水黾的口器像一根吸管，捕住猎物之后，便将那尖锐的口器插入昆虫的体内，吸食美味的体液。除了活的昆虫，水黾也吃死掉的昆虫和鱼的尸体，所以水黾的存在，加速了这些生物在水中的分解，对保持水体清洁起到了积极的作用。水黾喜欢群居，一群水黾会有一个固定的捕食范围，它们之间一般不会相互争夺，但是如果有别的水黾入侵，则很有可能会被赶走。

白　蚁

　　雷雨过后，人们经常会在屋里发现大量的会飞的蚂蚁，它们拼命地飞向有光的地方，在飞行过程中有大量翅膀掉落在地。这些会飞的蚂蚁其实不是蚂蚁，而是白蚁。白蚁成群出来的目的其实是为了繁殖后代。

白蚁王国的建立

　　白蚁属于群居昆虫，一个白蚁群就是一个独立的王国。在这个王国里的白蚁有3个阶层，分别为有翅膀、有眼睛的繁殖阶层（包括蚁王和蚁后，还有很多储备繁殖阶段的白蚁）、无翅膀、无眼睛的工蚁阶层和负责防卫工作的兵蚁阶层。蚁群有大有小，小的蚁群仅有数百个成员，而大的蚁群，白蚁数量可以多至700多万只。它们共同进食、劳作、相互照顾，还要帮助父母照顾兄弟姐妹，这正是社会性动物的典型表现。

从白蚁巢出来的有翅切叶蚁飞行能力差，给了从老鹰到地面的甲壳虫等诸多天敌以大量的捕食机会。在交配前，它们将蜕掉翅膀。

　　一个白蚁群的形成，往往开始于一只会飞的、性成熟的雄性白蚁被一只雌性白蚁腹部下面腺体的分泌物散发出来的味道所吸引。两只白蚁配对成功后，它们的翅膀双双掉落，然后雄性紧跟着雌性，两只蚂蚁一前一后离开母巢，去寻找一个更好的地方筑巢，并抚养后代。

第一只出生的白蚁注定要成为工蚁，在一些低等白蚁科里面，没有发育成熟的若蚁也要扮演工蚁的角色，为社区的建设献身。一旦有了一定数量的工蚁，专管防守的兵蚁也就随之培养出来了。兵蚁们长有发达的颚，既能咀嚼也能撕咬，其坚硬的头部还生有腺体，能在抵抗敌人时向敌人喷射出分泌液。兵蚁的伙食完全依靠工蚁的喂食。工蚁们把自己咀嚼过的食物，混合唾液形成糊状，吐出来给兵蚁享用，或者将吃进去的食物迅速拉出来，给兵蚁食用。而最初配对的那两只白蚁，则成了新蚁群的"国王"和"王后"。

大多数种类的白蚁、工蚁和兵蚁都是没有视觉的，它们完全靠头皮感光。有繁殖能力的成熟白蚁则有眼睛和翅膀。时机适合的时候，通常是在暴雨后，工蚁们会在巢穴中凿洞，或者建造一些空心塔，把年轻的有繁殖能力的白蚁从巢中放出去，让它们到外面的天地独立门户。但这些被释放的白蚁，其实还十分弱小，它们中的很多会成为其他昆虫的食物，真正能够配对成功的白蚁是少之又少的。

奇特的共生关系

在昆虫中，只有等翅目的成员如白蚁，能消化纤维素，但这种消化能力并不是白蚁本身拥有的，而是依赖于它体内的寄生虫、细菌和真菌获得的。

较低等的白蚁肠道中寄生着一种叫鞭毛虫的原生动物，这种鞭毛虫能释放出消化纤维素所必需的酶。白蚁吃进去的植物纤维经过鞭毛虫的消化，为白蚁所吸收，而鞭毛虫也能从中吸取养分。不过这养分中还有很多成分不能被消化，于是随着粪便被排出来。大量的粪便于是就排泄在白蚁住的一堆堆木头或者泥土上。高级一点的白蚁肠道中没有鞭毛虫，但却有更高级的细菌和真菌。它们能够分解更多的食物，因此食性也非常多样。

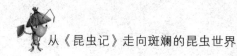

大多数的白蚁都喜欢吃已经死掉的植物，因为这样的植物，真菌已经进行过消化，细胞分解后就能释放出养分。但是在干旱的季节，真菌的分解速度会变慢，白蚁的食物来源就会减少。在这种情况下，有

纳米比亚草白蚁属的收获蚁收集植物原料高效得就像它们在和牛或者羊这样的家畜进行重大比赛一样。

些种类的白蚁学会了自己培养真菌。它们在自己的巢穴内部，用粪便培养鸡枞菌属真菌，真菌将粪便消化后，就能供白蚁食用了。这些培养真菌的白蚁，有着非同一般的意义，在大陆干旱的季节里，生物的生态分解工作就是靠这些白蚁来完成的。

你一定不知道的！！！

天敌也能共生

在生物界，有一个共生的概念，是指两种不同生物之间所形成的互利关系。在共生关系中，一方为另一方提供有利于生存的帮助，同时也获得对方的帮助。对于树木和森林来说，昆虫是天敌，因为它们总是要啃食植物。但是生长在热带地区的金合欢树却能与天敌蚂蚁等昆虫共生。原来蚂蚁虽然在金合欢树中安了家，并且享用了其美妙的食物，但是蚂蚁也不是白吃白拿，它们能为金合欢树赶走其他昆虫和长颈鹿等大型的食草动物。于是金合欢树和蚂蚁就这样共生共荣了。

磕头虫

磕头虫是一种有趣的昆虫。当你将磕头虫拿在手里时，如果你不放走它，它就会不停地磕头，好像在向你求饶似的，样子十分滑稽。

磕头虫为什么要磕头

磕头虫是鞘翅目叩头虫总科的一科。磕头虫喜欢食用植物，是农、林、牧草、蔬菜、果树的重要害虫。这种虫子体型不大，约有两粒米大小，全身乌黑亮泽，背上长有一对硬翅，但却没什么用。遇到危险的时候翅膀派不上用场，磕头虫就只好使用另外一种方式逃生了——不停地向捉住自己的人磕头求饶。而"磕头虫"也正是因为它不停地磕头而获得其大名的。

然而，磕头虫磕头真的是在求饶吗？答案是否定的。其实磕头虫不断磕头的动作，是它逃跑的一种形式。在磕头虫的胸部藏有一个秘密机关，当它被捉时，因为身体外部受到撞击，体内的肌肉便发生强烈的收缩，这时前胸的突起部分就会精确而有力地向中腹的小沟划去，中部收拢，这样它的头就会突然撞击地面，在弹力的作用下，头又被弹起来，身体接着向前翻，于是便有了逃生的可能。所以，磕头虫磕头其实是躲避危险和越过障碍的本能。当你将一只磕头虫拿在手里时，由于你捏住它不

磕头虫

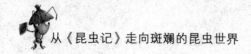

放，这时它就变得非常紧张，想用磕头的方法逃跑，可是总跳不出去，于是只好不停地磕起头来了。

与众不同的跳高

在昆虫的大家族里，能跳高、跳远的虫子很多，比如跳蚤就能跳过自身高度的100多倍；棉蝗能跳出比它自身长度长143倍之远的距离。不过，这些跳高、跳远能手都有一个共同的特点，那就是它们都是用后足来跳跃的。磕头虫也是一种能跳的虫子，但它跳高的方式却与众不同。因为磕头虫跳高并不用后足（磕头虫的三对胸足又短又小，根本不能用于跳跃），而是用它的背部。

当磕头虫腹朝天、背朝地躺在地面上的时候，它便将自己的头用力向后仰，拱起体背，在身下形成一个三角形的空区，然后猛然收缩体内的背纵肌，使前胸突然伸直。这时候，它的背部就会猛烈撞击地面，在反作用力的作用下，磕头虫的身体就会被猛然弹向空中。这一弹就能弹出虫体自身50倍的高度！磕头虫就是这样不用腿，也成了"跳高"高手的。

有趣的是，磕头虫的"跳高"姿势还很优美。当它腹部朝天弹向空中时，它便乘机在空中做个"前滚翻"，将身体翻转过来，等到落地时，它就能稳稳地站立在地面上了。